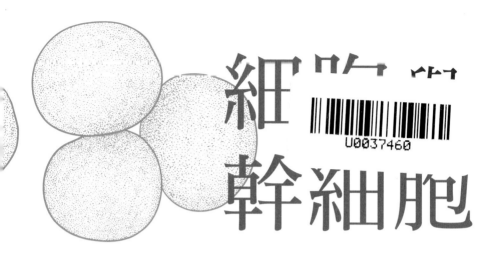

細胞與
幹細胞

解碼你身體裡的
神奇生命科學

王佃亮 醫師
陳海佳 教授

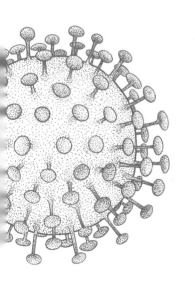

前言：人類認識細胞的歷史

　　大約 40 億年前，生命誕生於地球這顆美麗的藍色星球，直到今日我們依舊無法知道這些最古早的生命是什麼。人類依據現今的生命科學知識推測，這些地球上最古老的生命，不但能和外界環境進行物質和資訊交流，也能簡單地複製自己。隨著生物演化，自然界終於迎來具備細胞形態的生命。

　　目前，地球上已發現的最古老的生物化石來自澳大利亞，名叫「疊層石」，化石內的生物是生存在約 35 億年前的「藍綠菌（舊稱藍綠菌）」。藍綠菌是一種單細胞生物，它們的細胞和動物或植物的細胞不同，不具有細胞核，這點和細菌相似，因此藍綠菌也稱作「藍細菌」。

　　遠古海洋中充滿單細胞的藍綠菌。它們有圓球狀、管狀，形狀多樣。藍綠菌和綠色植物一樣，能夠利用太陽的光能，把二氧化碳和水合成自身需要的有機物，並釋放出氧氣。

　　隨著藍綠菌大量行光合作用，地球上出現大量的氧氣，加快了生物演化演化的速度。與此同時，為了更有效地適應環境，一些單細胞生物彼此結合，形成了一種類似多細胞生物的族群，就像今天的盤藻和團藻，介於單細胞生物和多細胞生物之間。

　　隨著生物持續演化，到了大約 30 億年前，地球上出現多細胞的植物，後續又誕生了多細胞動物。爾後，海洋生物登上陸地，陸

地也不斷演化出新的物種演化。在大約幾百萬年前，最初的人類誕生在地球上。

在人類文明漫長的歷史中，生命奧秘的關鍵角色：細胞，並沒有被發現。主要是因為大多數的細胞都太小了，在 0.03 毫米以下，遠遠超過了人類肉眼能夠直接觀察的範圍（0.1 毫米）。

第一位真正觀察到活細胞的是荷蘭科學家安東尼·范·雷文霍克（Antony van Leeuwenhoek）。1677 年，他用自製顯微鏡觀察了池塘水中的原生動物、人和哺乳動物的精子，後來更看到了鮭魚紅血球的細胞核，1683 年，他又在牙垢中發現了細菌。

活細胞的發現促進了細胞生物學的發展。1938 年，德國植物學家許萊登（Matthias Jakob Schleiden）發現所有植物體都是由細胞組成。一年以後，德國動物學家許旺（Theodor Schwann）發現動物體也是由許多細胞構成。許萊登和許旺共同創立了細胞學說，細胞學說包括三個內容：第一，細胞是多細胞生物的最小組成單位，對單細胞生物來說，一個細胞就是一個完整的生物個體；第二，多細胞生物的每一個細胞都會執行某個特定功能；第三，細胞只能由細胞分裂而產生。細胞學說統一了動物學和植物學，奠定生物學的基礎，被譽為 19 世紀自然科學的三大發現之一。

細胞學說創立後，許多科學家把注意力轉移到細胞內的世界，發現了細胞內由多種化合物構成的「原生質」。利用固定染色技術發現了中心體、高基氏體、粒線體等細胞的胞器（像是細胞的器

官），同時對於細胞分裂和染色體的研究也取得了長足的進展。

隨後，人們開始運用細胞、改造細胞、生產有價值的農業和工業產品、創造新品種的動植物，為人類生活和健康服務。

1907年，細胞培養技術建立，這為運用細胞奠定了基礎。1958年，日本科學家岡田善雄發現紫外線失活的仙台病毒可引起艾氏腹水瘤細胞彼此融合。到了1965年，哈里斯（Harris）誘導不同種的動物體細胞融合，出乎預料的是，這個「雜交細胞（hybrid cell）」居然能存活下來，這是一種全新的人工細胞，但沒有實際用途。1975年是細胞學歷史上值得紀念的日子，這年免疫學家柯樂（Kohler）和米爾斯坦（Milstein）用仙台病毒誘導綿羊紅血球細胞免疫的小鼠脾細胞與小鼠骨髓瘤細胞融合，選擇出一種能夠分泌單珠抗體的雜交細胞。今天，單株抗體在疾病診斷和腫瘤治療中被廣泛應用，有「生物導彈」的美譽。

透過植物細胞培養，植物學家生產出了大量新品種的名貴花卉，如君子蘭、風信子、康乃馨等，還可以生產中藥材，如人參、當歸、三七等。動物細胞的大量培養對人類也有很大的貢獻，一是可以用來生產疫苗，二是可以生產治療腫瘤、心血管疾病等的藥物。

動物複製的研究則使細胞技術成為舉世矚目的科技。1952年，美國科學家用一隻蝌蚪的細胞創造了與原始蝌蚪完全一樣的複製生物。1996年，世界上第一隻成年體細胞「複製羊桃莉」在英國愛丁堡羅斯林研究所出生，首次證明動物體細胞和植物細胞一樣具有

「遺傳全能性」，打破了傳統的科學概念，這項科學創舉轟動全世界。1998年，美國夏威夷大學的科學家用成年鼠細胞複製出50多隻老鼠，從此開始出現大量的生物複製工程。2008年，美國食品藥品管理局宣佈，批准複製動物的乳製品和肉製品上市，並宣稱這些有爭議的食品可以像正常動物食品一般被安全食用。

近年來，細胞移植治療受到廣泛關注。1999年，幹細胞研究被《科學》雜誌推為21世紀最重要的十項科學研究領域之一，而且位居第一位，重要性還高於「人類基因組計畫」。2000年，幹細胞研究再度入選《科學》雜誌評選的當年十大科技成就。2011年起，韓國、美國、加拿大等國相繼批准了幹細胞新藥，使一些特殊疾病獲得到有效的治療方法。2012年，中國進行幹細胞治療規範管理，同時免疫細胞治療得到了空前發展。2013年，《科學》雜誌將腫瘤免疫治療列為年度十大科學突破的首位。2015年，中國取消第三類醫療審批，並發佈幹細胞製劑品質控制及臨床前研究指導原則，大大促進了幹細胞藥物的研究和發展。

細胞是奇妙的，幹細胞科學更是徹底改變了我們的生活，使我們生活變得更加美好。

序

　　中國科學技術協會於 2015 年 3 ～ 8 月展開了第九次中國公民科學素質抽樣調查。調查顯示，2015 年中國具備科學素質的公民比例為 6.20%，儘管較 2010 年的 3.27% 有了很大提高，與西方主要發達國家差距也進一步縮小，但其表達出了中國人的科學素質整體水準依然偏低。

　　由此可見，科學傳播與科學普及是多麼緊迫和必要。

　　與人類生存和自身發展息息相關的科學非生命科學莫屬。當前，全球新一輪科技革命和產業變革正在興起，生物化學、遺傳學、細胞生物學、分子生物學都有著快速的發展，基因定序、細胞治療、分子育種、蛋白質工程等生物技術不斷取得重大突破，這些都為人類應對健康、糧食、能源等挑戰提供了有力支撐，對經濟社會發展和人們的生產生活產生深遠影響。

　　這一切，離不開對生命現象的理解。1663 年，虎克發現細胞；1839 年，許旺提出細胞學說，指出細胞是生物體結構和功能的基本單位。隨後，生物學研究向人們展開了一個豐富多彩的世界，演化論、遺傳學、DNA 雙股螺旋模型、基因工程、人類基因組計畫……科學家逐步揭開了生命的神秘面紗，許多青少年對生命現象產生了濃厚興趣，並由此開始了他們的科學探索之旅，見證了令人讚歎的生命奇跡。

　　對生命科學的學習，通常是從細胞開始。生物學教科書會從細胞形態講起，一直講到個體與群集、遺傳與演化、環境與生態……無論是低等生物還是包括人類在內的高等生物，基本結構單位都是細胞，生命活動都源於細胞。所以，要瞭解生命，就要首先瞭解細胞，瞭解在細胞中發生的各種生命活動。王佃亮教授的《細胞與幹細胞：解碼你身體裡的神奇生命科學》為我們描繪了細胞生命世界多姿多姿的景象。

　　王佃亮教授長期從事幹細胞、組織工程與再生醫學研究，迄今已出版學術專著八百多萬字。在嚴肅的科學研究之餘，他花費大量心血進行科普與科幻創作。《細胞與幹細胞：解碼你身體裡的神奇生命科學》一書系統地介紹了細胞、幹細胞知識、技術、理論以及細胞、幹細胞產品給我們生活帶來的變化，講解深入淺出，科學性強、有趣味性、圖文並茂並且資訊訊息量豐沛，是一部難得的優秀科普書。

　　科學研究的終極使命是建構人類更加美好的未來，而對美好未來的響往，可以從優秀的科普讀物開始。

張宏翔

中國生物工程學會科普工作委員會主任

第一章
神奇迷人的細胞世界

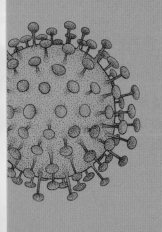

1. 自然界裡　簡單生命

在豐富多彩的生命王國，構造最簡單的「公民」莫過於病毒、類病毒和普里昂蛋白。它們有些只是一些較大的生物分子，但當寄生於活細胞後，又能表現出各種生命現象和活動，非常神奇。病毒、類病毒和普里昂蛋白非常微小，想看見它們可不容易。

19 世紀末期，科學家在研究菸草花葉病和牛口蹄疫時，發現它們的病原體能夠暢通無阻地通過細菌所不能通過的瓷濾器。當時，他們把這類病原體稱為濾過性病毒或病毒，這是為了和細菌，這種同樣造成許多疾病的病原體做出區別。

病毒的大小差別很大，一般在 10～300 奈米（一奈米等於百萬分之一毫米）。形狀也非常多樣，有立方對稱的，有螺旋對稱的，也有複雜對稱的。組成物質非常簡單，許多病毒僅含有核酸和蛋白質兩種成分，有的病毒（如流感病毒）從宿主細胞釋放時也攜帶了宿主細胞膜的成分，因而含有少量的醣類、脂肪類物質。所有的病毒都只含有一種核酸，即 DNA 或 RNA，根據所含核酸的類型不同，病毒可分為 DNA 病毒和 RNA 病毒。

病毒就像是一種無孔不入的「寄生蟲」，不但能寄生在植物、動物和人類身上，就連肉眼看不見的細菌也不肯放過。根據寄生對象不同，病毒又可分為動物病毒、植物病毒和細菌病毒。其中，細菌病毒又叫噬菌體。幾種病毒形態見圖。

病毒專門寄生在其他生物體內，在生活過程中需要不斷利用宿主的物質進行複製，這當然會對寄生的生物造成很大破壞。最常見就是病毒能夠導致各種傳染病，有的甚至是令人不寒而慄的嚴重傳染病，如：禽流感、伊波拉出血熱、愛滋病、A型肝炎、流行性B

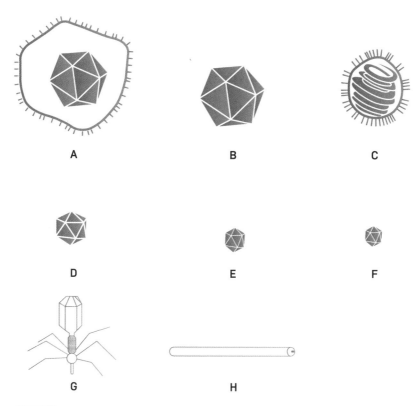

A　　　　　　　　　B　　　　　　　　　C

D　　　　　　　　　E　　　　　　　　　F

G　　　　　　　　　H

病毒形態
A—皰疹病毒；B—大蚊病毒；C—流行性感冒病毒；D—腺病毒；
E—多瘤病毒；F—脊髓灰質炎病毒；G—T-偶數噬菌體；H—菸草花葉病毒

型腦炎、天花、麻疹和脊髓灰質炎等。

　　許多病毒也能使人類致癌，如腺病毒、B 肝病毒都能使人類患上癌症。實際上，在目前發現的 300 多種病毒中，大部分都對宿主有害。

　　話雖如此，病毒對人類也不是毫無益處。隨著科技發展，各種病毒正被用來改善人類生活。首先，一些病毒經過特殊處理後，可以製成減毒活疫苗（如麻疹減毒活疫苗、腮腺炎減毒活疫苗、狂犬病減毒活疫苗等），用來預防各種嚴重傳染病。其次，許多昆蟲病毒專門寄生在某些農業害蟲體內，並能在害蟲族群內傳播，卻對植物、動物和人類沒有任何影響。如果大量培養昆蟲病毒並製成生物農藥（殺蟲劑），噴灑在森林或農田，可以發揮保護環境和消滅害蟲的效果，效用比是化學農藥無法比擬的。

　　病毒的結構固然簡單，類病毒卻更加簡單。它只是一條核醣核酸（RNA）分子，比已知的病毒小 80 倍。這種核醣核酸分子的分子量為 75,000 ～ 85,000 道爾頓（Dalton）。和病毒一樣，類病毒也不能獨立生活，必須寄生在活細胞內。寄生的結果往往導致宿主患病，如馬鈴薯紡錘狀塊莖病就是類病毒寄生的結果。

　　跟類病毒不一樣，普里昂蛋白（Prion）正如其名，是一種只具有蛋白質的生物。1982 年，美國病毒學家布魯希納（Prusiner）在羊搔癢症中最先發現了普里昂蛋白。這種蛋白質具有傳染性，是造成羊搔癢症的病原體因子。

羊瘙癢症是一種引起中樞神經系統退化性紊亂的疾病。動物患病後會焦躁不安，渾身長滿了疥癬，毛成片脫落，皮膚受到損害。大約半年後，動物明顯衰弱，身體失去平衡，後期出現四肢麻木，最終病羊在痛苦中死去。

一開始，不少科學家不相信普里昂蛋白沒有核酸。因為按照過往生物學的認證，只有核酸才能進行自我複製。隨著對普里昂蛋白的深入研究，發現這種神秘的病原體確實只含有蛋白質，而且這種蛋白質能夠自我複製。普魯斯納因發現和研究朊病毒榮獲了諾貝爾獎。

到此，普里昂蛋白的故事仍沒有結束。1985 年 4 月，英國出現了一種奇怪的狂牛症（牛腦海綿狀病），此後十多年，這種傳染病迅速蔓延，波及很多國家。受感染的牛隻會在潛伏期後發病，最終痛苦地死亡。解剖病牛屍體後發現，牛隻腦內的神經細胞大量流失，出現澱粉狀病變，腦子裡真正成了一團「漿糊」。大量病牛不得不被無情地撲殺，但疫情仍舊難以控制。好端端的牛群為何會患上狂牛症呢？最新的科學研究發現，導致狂牛症流行的元兇也是普里昂蛋白。

根據科學家的研究，與普里昂蛋白完全一樣的物質在正常腦組織裡也有，只是構造不同。至於普里昂蛋白是如何進行複製？正常的蛋白質又為何會變成可怕普里昂蛋白，這些耐人尋味的問題，科學家們正努力研究想解開謎題。

　　其實，對於病毒、類病毒和普里昂蛋白是否算是生命，科學界迄今仍存在爭議，但它們的發現縮短了生命和非生命的距離，同時強化了人類對細胞生命的理解。

2. 細胞世界　多采多姿

　　我們居住的地球是道道地地的生命樂園，生存著 10 多萬種微生物、30 多萬種植物和 100 多萬種動物。在種類如此繁多的生物中，構造最簡單又能夠獨立生活的生物可能要屬「黴漿菌」。黴漿菌是在無細胞培養基中被發現，當時被稱為「傳染性胸膜肺炎微生物」。後來又從土壤、污水以及許多動物和人體中發現了幾十種這類的微生物。

　　從外表看來，黴漿菌很像湯圓，薄薄的「外皮」包裹著「內餡」。不同的黴漿菌的大小差別很大，通常在 0.1 ～ 0.25 微米（一微米為千分之一毫米），最小的體積只有一般細菌大小的千分之一。黴漿菌可以像病毒那樣通過篩檢程式，又可以像細菌那樣在人工培養基裡生長，因而是一種介於病毒和細菌之間的過渡生物。黴漿菌的「外皮」和一般細胞的細胞膜相似，是雙層結構，成分是磷脂和蛋白質。「內餡」含有黴漿菌進行生命活動的物質，如儲藏和傳遞生命資訊的 DNA、RNA 以及參與新陳代謝的各種酶。

　　與病毒的寄生生活方式不同，黴漿菌能夠從人工培養基中吸取營養物質，過著完全獨立自主的生活，但它仍是許多疾病的病原體，比如有的黴漿菌能夠引起豬隻的關節炎，還有的黴漿菌能引起人的肺炎。

　　與黴漿菌相比，細菌要複雜得多。細菌外型有球狀、桿狀、螺旋狀等，大小一般在 1 微米以下。結構上，細菌比黴漿菌更為完整，由外到內分為細胞壁、細胞膜、細胞質和類核。所謂「類核」就是說還不算真正的細胞核，只是一團遺傳物質彌散在細胞質中，因而細菌又叫原核細胞。

　　細菌的繁殖方式比較簡單。絕大多數細菌在繁殖前會先進行遺傳物質的複製，然後從中間一分為二；也有少數細菌會進行孢子繁殖或出芽繁殖。細菌的繁殖效率很高，就廣泛存在於水域中以及動物和人類腸道裡的大腸桿菌而言，大約每 20 分鐘就可繁殖一代，這使得細菌在地球上幾乎無處不在。

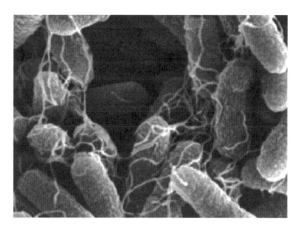

大腸桿菌
（引自：Blount ZD.The unexhausted potential of E. coli. eLife, 2015, 4: e05826）

細菌還有一個「絕活」，就是當生存環境變得惡劣，它會變成芽孢，芽孢可以抵抗不良環境；當環境變得適宜生存，芽孢會像種子一樣萌發，長出新的細菌。某些細菌渾身長滿了纖毛，有的細菌全身只有有一根細長、像鞭子的鞭毛；這些可不僅僅是裝飾，它們是細菌的運動器官。對於可致病的細菌而言，細菌表面的纖毛還有利於附著在動植物細胞上；許多種類的細菌還會以在人類看來絲毫沒有營養的硫磺、鐵礦為食物，真是不可思議。

日常生活中，一想到細菌，人們總是和感染、發燒、發炎、化膿甚至破傷風、淋病、梅毒等可怕的疾病聯繫在一起，其實並不是所有的細菌都對人類有害。就寄生在人和動物腸道內的大腸桿菌而言，它可以幫助消化並產生有益的維生素，在現代生物工程中，大腸桿菌常被用來轉入藥物基因，製成工程菌來生產藥物，如白血球介素、干擾素、促紅血球生成素等。另外一些細菌則被用來冶金和清除海上石油污染等。

有一些單細胞的微生物，如藍綠菌，看起來應該屬於植物。因為它們像綠色植物一樣具有葉綠素，能夠進行光合作用，把二氧化碳和水合成自身需要的養分，然後釋放出氧氣。仔細研究卻發現，這些微生物沒有綠色植物那樣的細胞核，實際上和細菌是近親，它們也屬於原核生物。

與原核生物不同，真核生物的細胞具有真正的細胞核，裡面的遺傳物質由核膜包裹著，核膜上有許多孔洞，通過孔洞，細胞核裡

的物質可以和外面細胞質裡進行物質交流。

　　具有細胞核的、最簡單的生物是真核單細胞生物（屬於原生生物），分為單細胞動物（類動物原生生物）和單細胞植物（類植物原生生物）。單細胞植物，如綠藻，像普通綠色植物一樣能夠進行光合作用，過著自食其力的生活。單細胞動物比較常見的如變形蟲、草履蟲、眼蟲等。其中，變形蟲生活在池塘、稻田或水溝內、身體小且無色透明，最大的變形蟲直徑可達 0.2 ～ 0.4 毫米，肉眼剛好能看見，但要想觀察還得借助於顯微鏡。變形蟲的身體表面只有一層很薄的膜，膜內是比較透明而均勻的細胞質，又叫原生質。變形蟲的細胞質可以流動，細胞膜隨之也會不斷改變形狀，這可能是這種生物被叫做變形蟲的原因。

　　當變形蟲進行變形運動時，細胞表面會伸出一些長短不一的手指狀突起，整個身體會沿著突起伸出的方向移動，所以這種手指狀突起被稱為「偽足」。除了運動外，偽足的另一功能是捕食，它可

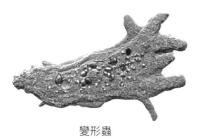
變形蟲

草履蟲

眼蟲

不同種類的單細胞生物

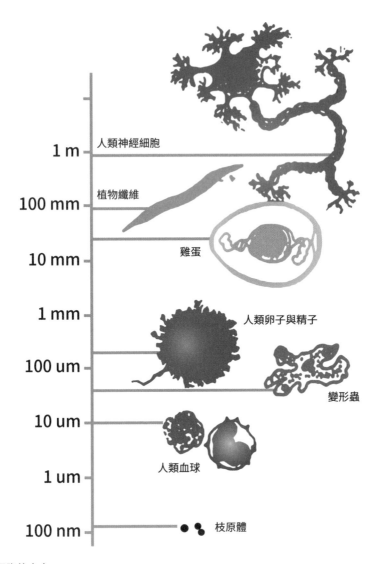

1 m　人類神經細胞

100 mm　植物纖維

10 mm　雞蛋

1 mm

人類卵子與精子

100 um

變形蟲

10 um

人類血球

1 um

100 nm　枝原體

細胞的大小

以伸向食物，將食物包圍裹入體內，形成食物泡，然後把食物消化掉。變形蟲沒有雌雄之分，它的繁殖是靠把身體一分為二，這一點倒是跟細菌相似。

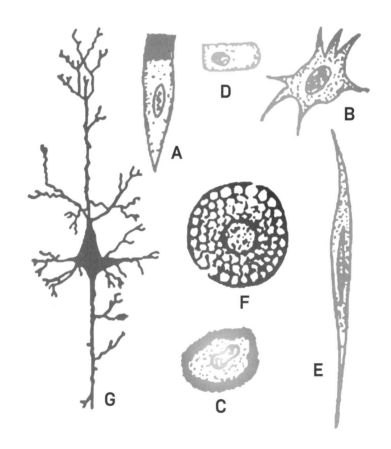

細胞的形態
A、C、D—上皮細胞；B—結締組織細胞；E—肌肉細胞；F—卵細胞；G—神經細胞

由此可見，變形蟲雖是一個單細胞，卻具備了能夠獨立生活的一切動物所具有的生命特徵，如對刺激的反應、運動、捕食、生長、繁殖，所以可以說是一種「低等生物」。

　　單細胞生物只有一個細胞，而盤藻有 4 個細胞，實球藻有 16 個細胞……越是高等的生物，其細胞數目越多，據估計，新生兒有 2 兆個細胞。

　　高等生物是多細胞的有機體，在長期演演化過程中，不同的細胞在功能上出現了分工，形態也更加多樣化。動物的精細胞像蝌蚪，有著一條長長的尾巴，這便於精細胞在生殖道內遊動和進入卵細胞使之受精。紅血球細胞為圓盤狀，這大大增加了表面積，有利於二氧化碳和氧氣的交換。神經細胞具有長長的細胞突，有的甚至長達 1 公尺以上，這也是為了達成傳遞神經衝動的功能。高等植物細胞的形狀也因功能不同而有很大差別，植物基部發揮支持和輸導作用的細胞通常呈條狀，葉片表皮的保衛細胞呈半月形，兩個細胞圍成一個氣孔，以利於呼吸和蒸發。不同細胞的大小和形態見圖。

　　大體來說，多數細胞體積微小且近似球狀，這樣才能保證有一個相對大的表面積，從而有利於新陳代謝和抵抗惡劣環境條件；不過也有例外，鳥類的卵就是一個細胞，它們卻特別大。鴕鳥的卵直徑可達 7 ～ 8 公分，是世界上最大的細胞，這是為什麼呢？原來鳥類卵中有大量卵黃，卵黃是胚胎發育的主要營養物質，只有鳥卵足夠大，才能為胚胎發育儲存足夠的營養。

3. 細胞壁　保護外衣

細胞可分為原核細胞和真核細胞。植物細胞和動物細胞都是真核細胞，其主要區別是植物細胞有細胞壁。

植物細胞的最外面是一層厚厚的硬壁，稱為「細胞壁」。它是植物細胞區別於動物細胞的重要特徵之一。這層細胞壁是如何形成？對於植物細胞有什麼特殊意義呢？

研究發現，植物的細胞壁由細胞分泌產生，可分為三層：新生且較薄的細胞壁，稱為初生細胞壁；之後形成有條紋且較厚細胞壁，稱為次生細胞壁；在兩細胞之間物質稱為中膠層，使細胞壁黏合，並減低細胞間的壓力。細胞壁的主要成分是纖維素，還有半纖維素、果膠質和木質素等。

木質素僅存在於成熟的細胞壁中，它使細胞壁堅硬，保護細胞不易受到外界損傷。細胞活著時，細胞壁能因其他物質的浸透和積累而改變性質，如稻、麥的細胞壁內含矽酸鹽，能抗倒伏。因此，細胞壁可以維持細胞的形狀，對細胞發揮保護作用。

一些微生物也有細胞壁，比如真菌、酵母菌、細菌，細菌的細胞壁不含纖維素。根據對一種紫色染料的染色反應，細菌可分為「革蘭氏陽性菌」和「革蘭氏陰性菌」兩種，前者如葡萄球菌，後者如大腸桿菌、傷寒桿菌。革蘭氏陽性菌能夠被這種染料染色，而陰性菌不被染色或輕微染色。這是由於細胞壁結構不同造成的。

革蘭氏陽性菌的細胞壁結構較厚，有 15 ～ 50 層肽聚醣組成，還有蛋白質、多醣等成分。革蘭氏陰性菌的細胞壁結構比較複雜，分為內、外兩層：內層較薄，成分是肽聚醣層，透過脂蛋白和外層相連；外層稱作外膜，基本上是一層磷脂和蛋白膜，外膜中含有脂多醣和脂蛋白，這些成分與細菌的毒素活動有關，也是細菌侵入人體後引起發燒的原因。

青黴素是我們熟悉的抗生素，它的作用原理是透過阻止細菌細胞壁中肽聚體的合成來達到消滅細菌的目的，因而對細胞壁中含有大量肽聚醣的革蘭氏陽性菌殺傷效果較好，對革蘭氏陰性菌的除滅效果比較差。

有的細菌在細胞壁外還有一層纖維狀物質，稱為「莢膜」。莢膜是細菌分泌到細胞壁外的物質，由多醣和蛋白質組成，含有單醣和磷酸。莢膜對細菌生存不是必需，但可以保護細菌抵抗不適合生存環境，並增強毒性。

真菌（常見如酵母菌）的細胞壁的主要成分是幾丁質，又叫甲殼素，是一種多醣類物質。

動物細胞雖沒有細胞壁，但有的細胞表面有葡萄醣、半乳醣、阿拉伯醣等分子形成的樹枝狀醣鏈。這些醣鏈就像天線一樣，在細胞和細胞的識別與通信中發揮重要作用。此外，人類的 ABO 血型也與紅血球細胞膜上的醣鏈有關。

4. 細胞膜　交流通道

　　所有生物的細胞都包裹著一種膜，這個膜就是細胞膜，它使細胞與周圍環境分隔開。細胞膜的基本成分是蛋白質、脂類和醣類在細胞膜中，脂類分子呈雙層排列。蛋白質貫穿或鑲嵌在脂類雙分子層中，也有的蛋白質附著於脂類雙分子層表面。至於醣類，有的是與蛋白質結合，有的是與脂類結合。

　　在電子顯微鏡下觀察，細胞膜為兩條暗帶夾著一明帶的三層結構，具有這種結構的膜也稱為單位膜。內外較暗的兩層是蛋白質，中間較明的一層是脂類。

　　細胞膜非常重要，它控制著細胞與外界環境的物質交流。在細胞膜中，脂類分子疏水端朝向裡面，親水端朝向外面，這樣雙層脂類分子透過疏水作用力牢牢結合在一起。一些小分子物質和脂溶性物質，如甘油、水、氧氣、氮氣、苯、尿素等，可以穿透細胞膜從高濃度區域向低濃度區域利用擴散作用移動；但一些親水性物質，如葡萄糖、氨基酸、核苷酸以及所有的離子，就不能自由通過脂類雙分子層。不過，細胞膜上有專門執行運輸作用的蛋白質，當這類物質與運輸蛋白結合後，運輸蛋白結構發生變化，從而把這類物質運到另一側。細胞膜上還有一種叫鈉鉀幫浦的蛋白質，當受到刺激後結構會發生變化，會像抽水機一樣把 Na^+（鈉離子）運出膜外，而把 K^+（鉀離子）運進膜內，使細胞膜內外保持一定電位差。這種

電位差是細胞運輸某些物質和神經傳導所必需的。

　　一些較大的物質可以透過吞噬作用或胞吞作用進出細胞膜。細胞將較大的固態顆粒物質（如細菌等）吞噬入內的過程，稱為胞吞作用；當吞噬的物質為溶液狀或極小顆粒狀時，則稱為胞飲作用。吞噬現象在單細胞動物中普遍存在，不過在多細胞動物中也有，如人體血液中的白血球和巨噬細胞都具有很強的吞噬能力，可以吞噬侵入體內的細菌。當人體受到創傷後，白血球和巨噬細胞會聚積在傷口周圍，開始吞噬細菌。當這些細胞吞食了大量細菌後，便會「撐死」，於是傷口出現化膿現象，「膿」其實就是死亡的白血球。當然，細胞也可以把體內不需要的物質排出體外，這就是胞吐作用。

　　細胞膜除了進行物質運輸外，另一個重要功能是傳遞資訊。細胞膜上有一種被稱為「受體」的蛋白質，當它和外界環境中的配體像鎖頭和鑰匙一樣結合後，便會啟動細胞膜上特定的酶，把訊號傳遞到細胞內。近年來的研究發現，在細胞膜訊號傳遞中，如果某些環節出現故障，細胞就可能導致癌變。

5. 細胞質裡　生命器官

　　與細菌相比，動、植物細胞的結構更加複雜，一個突出的特徵就是細胞質裡演化出了一些「小器官」。這些包含在細胞質裡的「小器官」稱為胞器。它們是一些由膜圍成的實體構造，就像人的心臟、肝臟、腎臟一樣執行著特定的生命功能。

　　粒線體是真核細胞中廣泛存在又非常重要的胞器之一。它最早是由瑞士解剖學家及生理學家科立克（Kolliker）於 1857 年在昆蟲橫紋肌細胞中發現；一些科學家在其他細胞中也發現了同樣的結構，從而證實了科立克的發現。1888 年，科立克分離出了這種胞器，1897 年，德國科學家本達（Benda）把這種細胞器取名為粒線體。顧名思義，粒線體外觀呈線狀或粒狀。

　　在電子顯微鏡下，一個典型的粒線體很像一條香腸。它包括外膜、內膜、內外膜之間的外室和內膜包裹的內室。外膜對各種物質的通透性都很高，因此有人認為外膜上有小孔。內膜對物質的通透性很低，只能讓一些不帶電荷的小分子通過，如水和丙酮酸。內膜向內折疊形成皺折或小管，稱為脊，脊的存在可以極大地擴大了內膜的表面積，提高了代謝效率。脊上有許多有柄的小顆粒，稱為 ATP（三磷酸腺苷）酶複合體，它是粒線體合成 ATP 的場所。ATP 為一種不穩定的高能量化合物，水解時釋放出能量，是生物體最直接的能量來源。內膜包裹的內室裡是液態的基質，基質裡有核糖體、

DNA、RNA 和酶。核糖體可以合成各種蛋白質；DNA、RNA 都是核酸，可以攜帶各種遺傳訊息；酶可以催化生物體內每時每刻都在發生的各種生物化學反應，這些生物化學反應就是新陳代謝，包括物質代謝和能量代謝。新陳代謝是生命最基本的特徵，沒有新陳代謝就不會有生命，所以酶作為生物催化劑是非常重要的。

　　粒線體參與細胞內物質的氧化和呼吸作用。細胞裡醣類、蛋白

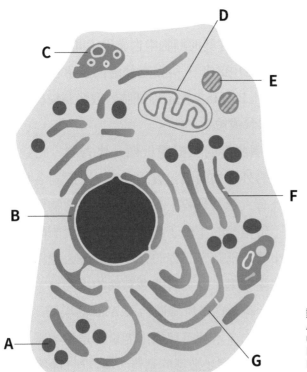

動物細胞裡的胞器
A—囊泡；B—細胞核；
C—溶體；D—粒線體；
E—過氧化物酶體；
F—高基氏體；
G—內質網

質和脂肪分解後的產物都要在粒線體基質裡徹底氧化，然後經過粒線體內膜上的呼吸鏈，把釋放出來的能量儲存在 ATP 中。細胞內的物質運輸、肌肉收縮和神經傳導等消耗的能量大部分就是靠粒線體中合成的 ATP 來提供。由於這個緣故，粒線體被譽為細胞的動力工廠。

有趣的是，粒線體無論在大小、形狀，還是分裂方式方面都與細菌類似，於是有人認為它是由寄生在細胞內的細菌演化來的。在受精過程中，卵子接受的只是精子的細胞核，這樣在受精卵中，細胞質完全來自母方，因而粒線體是母系遺傳。這在法醫學上被用來進行親子鑑定。

葉綠體是植物特有的胞器，是植物進行光合作用的場所；在綠色植物的葉片中含有數量不等的葉綠體。就高等植物而言，葉綠體的形狀類似凸透鏡，最外面是兩層光滑的單位膜，在內外膜之間有空隙，內膜裡充滿液態的基質。基質裡有許多圓盤狀的類囊體，它們疊在一起，很像一疊疊的硬幣。橫穿於葉綠體基質中，並貫穿兩個或兩個以上大的類囊體稱為基質類囊體。類囊體中含有 DNA、核糖體以及多種酶。

葉綠體的主要功能是進行光合作用，也就是利用太陽的光能，把二氧化碳和水合成碳水化合物（即醣類化合物），並釋放出氧氣。光合作用分光反應和碳反應兩個階段進行，光反應是葉綠素等色素分子吸收、傳遞光能，將光能轉化為化學能，形成 ATP 和還原型輔

酶Ⅱ的過程，在這個過程中，水分子被分解，同時釋放出氧氣。碳反應是利用光反應形成的中間產物，製造葡萄醣等營養物質的過程。光合作用的結果，是將光能轉化為化學能，並將其能量儲存在碳水化合物中。

溶體是在 1955 年發現的，它是細胞的「消化器官」，溶體內含有 50 多種水解酶，包括脂肪酶、蛋白質水解酶、核酸酶等。這些酶都是酸性水解酶，最合適這些水解酶工作的 pH 值是 5.0。溶體有初級溶體和次級溶體兩種，初級溶體是細胞內剛剛形成的溶體，是一種泡狀結構，裡面的酶處於潛伏狀態。次級溶體是初級溶體和消化物結合後形成的一個消化泡。

溶體在細胞內具有重要功能：第一，可以消化吞噬進入細胞內的大分子營養物質以及細菌、病毒，消化後的營養物被細胞利用，剩下的殘渣被排出細胞外，發揮營養和防禦作用；第二，當一些胞器衰老後，可以被溶體包圍和清除，有利於這些細胞器的更新，當動物饑餓時，溶體可以包圍和消化自身一些物質作營養，以更新必需成分，避免動物死亡；第三，在動物生長發育過程中，清除多餘器官，如在蝌蚪晚期發育過程中，尾部細胞裡的溶體會自行破裂，釋放出的水解酶把尾部細胞溶解掉，從而使尾巴消失。

雖然溶體中酶的種類很多，但每個溶體所含的酶的種類是有限的。一旦初級溶體的膜破裂，釋放出的水解酶便會發揮強大的消化作用，能把整個細胞消化掉，甚至波及周圍組織。

溶體存在於動物細胞、植物細胞和原生動物細胞中，但植物細胞中沒有單獨存在的溶體，只有一些含有不同物質的小體。這些小體因所含的物質不同而有不同的名稱，如圓球體、糊粉粒和蛋白質體等。這些小體中含有酸性水解酶，比如圓球體中含有脂肪酶、酸性磷酸酶等多種水解酶。此外，植物細胞的液泡中也含有酸性水解酶。在細菌細胞中沒有單獨的溶體，但細菌的細胞壁和細胞膜之間有空隙，空隙裡含有水解酶，發揮類似溶體的作用。

當然，動、植物細胞裡還有其他一些重要胞器，如內質網、高基氏體、中心體、過氧化物酶體等。其中，內質網是細胞質中由膜圍成的管狀或扁平囊狀的胞器，它有粗糙型內質網和平滑型內質網兩種，功能涉及蛋白質和脂肪合成、物質運輸、解毒等。高基氏體是由扁囊、分枝小管和圓泡圍成的一種胞器，它與蛋白質加工、溶體中水解酶的形成以及植物中細胞壁的形成有關。

1953 年，英國的羅賓森（Robinson）和布朗（Brown）用電子顯微鏡觀察植物細胞時，發現了一種顆粒物質。1955 年，帕拉德（Palade）在動物細胞中也觀察到了類似的顆粒。1958 年，羅勃茲（Roberts）把這種顆粒命名為核醣核蛋白體，簡稱為核糖體。它是細胞中普遍存在的顆粒。真核細胞的核糖體要比原核細胞的核糖體大一號，不過其粒線體和葉綠體中的核糖體和原核細胞中的一樣大。

核糖體由兩個很像馬鈴薯的大小亞基組成。近乎球狀的大亞基表面有個凹坑；小亞基細長，有一圈溝槽。

核糖體是細胞內合成蛋白質的胞器。眾所周知，蛋白質是細胞內生命活動的執行者，如催化新陳代謝的各種酶（現在發現自然界中有少量酶是核醣核酸）、調節生理功能的各種激素、在血液中運輸氧氣和二氧化碳的血紅素都是蛋白質。可以說，沒有蛋白質就不會有生命。

核糖體存在於細胞質中，有的附著在核膜或粗糙型內質網上，有的游離存在。當細胞需要合成特定的蛋白質時，首先會從儲藏著特定生命資訊的 DNA 上轉錄出一條 mRNA，然後 mRNA 與核糖體結合，接著進行蛋白質合成。在蛋白質合成旺盛的細胞裡，會看到一條 mRNA 上同時有多個核糖體在工作。這樣，可以在短時間內合成大量蛋白質，供給生命活動需要。

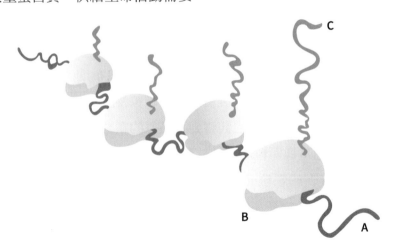

核糖體
A—mRNA；B—核糖體；C—蛋白質

6. 細胞核　神經中樞

　　動、植物細胞區別於細菌細胞的另一主要特徵是細胞核。它是細胞內儲存遺傳訊息訊息的重要胞器，盡管動植物細胞的粒線體、葉綠體以及細菌細胞的質體（細菌細胞內的環狀遺傳物質）內也含有極少量的遺傳訊息訊息。

　　早在 17 世紀，荷蘭眼鏡商人雷文霍克（Antony van Leeuwenhoek）就用自製的顯微鏡發現了細胞核。到了 1831 年，蘇格蘭植物學家布朗（Brown）第一次使用了「細胞核」一詞，並

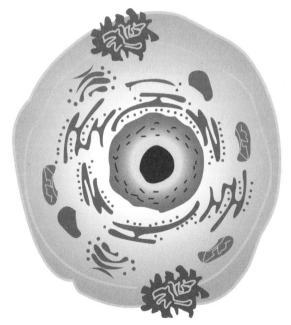

細胞核（細胞中央部分）

認為一切細胞均有細胞核。現代生物學研究表明，除了細菌、放線菌和藍綠菌外，其他各類活細胞在其生活的某一階段或整個生活週期中都有細胞核。

通常來說，真核細胞失去細胞核後很快就會死亡，只有少數細胞在無細胞核的情況下可以繼續生存，如哺乳動物的成熟紅血球，在失去細胞核後，仍可存活 120 多天；植物韌皮部的營養運輸細胞在無核狀態下可執行功能多年，但一般情況下，細胞是不能沒有細胞核而生活的。

細胞核一般位於細胞的中央，由雙層核膜組成。核膜上有一些孔洞，通過這些孔洞，細胞核和細胞質可以進行物質交流。

細胞核裡主要的物質是染色體，由 DNA、蛋白質和少量 RNA 組成。DNA 的雙股螺旋構造在染色體內是呈高度壓縮狀態（壓縮比例 ≤ 10000）。細胞結構以及控制細胞生長、發育、生理活動、繁殖的主要資訊儲存在 DNA 裡，所以細胞核是整個細胞的「最高司令部」。

第二章
前景廣闊的細胞培養

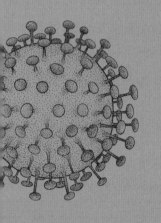

1. 組織培養　微繁育苗

　　從婁婁小草到參天大樹、從瓜果蔬菜到各種莊稼，各種植物通常都是由單個受精卵細胞（即種子）發育而來。那麼能否從植物身體上取出一個普通細胞，讓它發育成一棵完整的植物呢？在一個世紀前，這還是一個美麗的幻想，但現在透過植物的組織培養就能做到。

　　什麼是植物組織培養呢？簡單地說，就是在嚴格無菌的情況下，透過控制營養、光線、溫度、濕度等環境條件，培養植物的組織器官或進一步發育成完整植株的過程。

　　植物組織培養的歷史可以追溯到 1902 年，當時德國著名的植物學家哈伯蘭特（Haberlandt）預言，植物細胞具有全能性。所謂「全能性」，就是指植物體上的每一個細胞都具有發育成完整植株的潛在能力，可以完成從細胞增殖、分化到發育成完整植株的全過程，而在植物身上，這些細胞的才能被埋沒，只能默默地承擔某一項具體工作，比如構成莖組織、根組織、葉片組織。話雖如此，但由於技術上的限制，哈伯蘭特當時培養的植物細胞並沒有成功分裂發育成完整植株。

　　1904 年，漢尼恩（Hanning）在培養基上成功培育出了能夠正常發育的蘿蔔和辣根菜的「胚」，胚是種子的關鍵成分，漢尼恩也成為植物組織培養技術的鼻祖。到了 20 世紀 30 年代以後，植物組織培養技術取得了長足進展。中國植物生理學創始人李繼侗、羅

宗洛、羅士偉在實驗中相繼發現，銀杏胚乳和幼嫩桑葉的提取液能分別促進分離出來的銀杏胚和玉米根生長，從而確認維生素和一些有機物是植物組織培養中不可缺少的成分。

1934 年，美國人懷特（White）以番茄植株的根為材料，成功建立了第一個可以無限生長的植物組織。1956 年，米勒（Miller）發現，激動素能夠強有力地誘導培養的癒傷組織分化出幼芽。這是植物組織培養中一項重要進展。兩年後，史都華德（Steward）等用胡蘿蔔細胞成功培養出了完整植株，證實了植物細胞的全能性，並開拓了一個新的技術領域。此後，植物組織培養技術在世界範圍內迅速傳播。迄今已有近千種植物能夠借助這種手段進行快速繁殖。

植物組織培養是怎樣進行的呢？以下分幾個步驟進行簡要敘述。

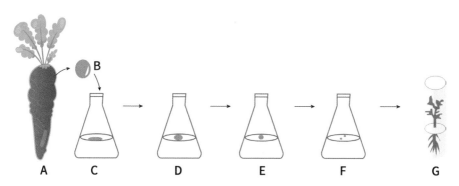

胡蘿蔔透過外植體培養再生植株的過程
A—胡蘿蔔；B—胡蘿蔔橫切面；C—胡蘿蔔細胞培養；D—細胞脫分化形成癒傷組織；
E—癒傷組織細胞分裂分化形成胚狀體；F—胚；G—植物幼體

第一，選擇合適的「外植體」。什麼是外植體呢？在植物組織培養中，為了達到快速繁殖的目的，往往選用植物的器官或組織切塊作為培養物件，比如一小塊芽、莖、葉，這就是外植體。選擇一個好的外植體是培養成功的第一步，當外植體是年老組織或器官時，它發育成整個植株的能力會減弱，因而外植體要注意選擇那些幼嫩的組織或器官，這樣容易產生大量「癒傷組織」。什麼是癒傷組織？它本來是指植物受傷後在傷口周圍新長出的組織，在植物組織培養中，是指培養材料長出的可以「傳宗接代」的細胞團，由癒傷組織可以再生出完整的植株。選擇外植體時一定要注意外觀健康，也不宜太小，應在 2 萬個細胞以上（也就是 5～10 毫克），這樣才容易存活。

第二，對外植體進行消毒。外植體往往帶有細菌和其他微生物，如果不消毒，在培養過程中，細菌會大量繁殖。由於細菌的繁殖速度比植物細胞快得多，它們會耗盡培養基裡的營養，使培養物中全是細菌，外植體因得不到營養而生長緩慢或死去。致病菌還會以植物細胞為營養進行繁殖，直接導致外植體細胞腐爛。因此，對外植體進行消毒是組織培養不可或缺的步驟。

第三，配製培養基。在自然狀態下，植物在土壤裡生長，組織培養大多是在室內進行，需要人工培養基代替了天然土壤，而且培養基比土壤的營養成分更全面。用於植物組織培養的培養基的種類儘管非常多樣，但通常會包括三大類成分：①含量豐富的基本成分，

如氮、磷、鉀、蔗醣或葡萄醣（一般高達每升 30 克）；②微量無機物，如鐵、錳、硼等；③微量有機物，如激動素、吲哚乙酸、肌醇。由於培養目的不同，各類培養基中的激動素和吲哚乙酸變動幅度很大，吲哚乙酸的功能是促進細胞生長，激動素的功能是促進細胞分裂，當吲哚乙酸相對於激動素含量高時，有利於誘導外植體長出癒傷組織。

第四，誘導外植體長出癒傷組織。外植體是趨於成熟和定型的組織或器官切塊，要想從它培育出整個植株，必須讓它「返老還童」。在培養基中添加較高濃度的生長素，可以使外植體中的細胞解除休眠狀態，重新開始旺盛生長，以便發育出癒傷組織。外植體可以採用固態培養基培養，消毒後的外植體可以插入或貼放在固態培養基中。固態培養的優點是簡單，可多層培養，且占地面積小；但有不利的一面，就是外植體在固態培養基中營養吸收會不均勻，細胞生長過程中產生的有害物質也不容易擴散出去；如果把外植體置於液態培養基中，這些缺陷就可以避免，但需要使用振盪器。透過培養，外植體長出癒傷組織。

第五，改善癒傷組織營養。經過 4 ～ 6 周的生長，培養基中終於長出了癒傷組織。這時，培養基中的水分和營養成分已消耗殆盡，有毒物質大量積累，因而需要及時移植，以改善培養環境。移植後，癒傷組織裡的細胞又開始大量增加，有利於生根發芽。

第六，癒傷組織長出根和芽。把癒傷組織移植到含適量細胞分

裂素和生長素的新鮮培養基中，以誘導胚狀體（又稱不定胚）形成。所謂胚狀體，是指在組織培養中形成的具有芽端和根端、類似種子中胚的構造，胚狀體會進一步發育成植株，到這個階段就需要光照。

第七，小植株移栽。在培養瓶裡培育出來的小植株，要及時移栽到室外，以利於生長。

植物組織培養是一項十分實用的技術。據計算，一間 20 平方公尺的溫室內可以容納幾十萬株試管苗。採用試管繁殖不會受到季節限制，一年四季都可進行，因而該技術應用廣泛。

植物組織培養技術主要應用之一是工廠化的快速育苗，以大量繁殖那些天然方法難以繁殖的名貴花卉、優良品種的農作物，特別是用在優良變異植物的大量培養。

在國外，依靠這項技術已經形成了許多有特色的花卉工業，創造了巨大的經濟效益。自 20 世紀 60 年代發展起來，建立在組織培養、快速繁殖基礎上的蘭花工業，迄今已使一些歐美和亞洲的國家受益不小；新加坡和泰國僅僅依靠出口蘭花，每年就可以獲利幾千萬美元。除了蘭花之外，百合、菊花、火鶴花、波士頓蕨等花卉也都達到了年產 100 萬株以上的水準，其他很有希望的快速繁殖植物有康乃馨、水仙、劍蘭、鬱金香、君子蘭、奇異果、無籽西瓜、山楂等。

中國從 1970 年代初開始組織培養技術的研究應用，目前處於國際領先水準。進入 21 世紀的 10 多年來，原本屬於高科技的組織

培養技術，已經變成了一項普通實用技術，被廣泛應用。在一些農業、林業類高校以及大型生物技術公司都設有組織培養室，部分地區在花卉組織培養苗產業化方面已形成規模。廣州花卉研究中心工廠化生產觀葉植物組織培養苗年產量在 1000 萬株以上；雲南省農業科學院園藝研究所花卉研究中心建設有年生產能力 5000 萬株的組織培養室；雲南玉溪高新技術開發區實現了熱帶蘭花組織培養苗規模化生產；湖南省森林植物園生物技術中心已實現專業化、規模化、商品化生產桉樹試管苗，年生產能力達數百萬株，在中國率先探索出桉樹試管苗產業化開發之路。據初步統計，現在已有 100 多科 1000 種以上植物能借助組織培養技術進行快速繁殖，但真正應用於大規模產業化組織培養生產的主要是具有重要經濟價值的農作物、花卉、果樹、蔬菜、中藥材等。中國已建成葡萄、蘋果、香蕉、馬鈴薯、甘蔗、蘭花、桉樹等快速繁殖生產線 10 餘條，年供應試管苗上億株，其中生產的香蕉試管苗已進入國際市場。

編按：臺灣植物組織培養產業起於 1970 年代，應用逐漸多元化且產業成熟，培養項目包含蝴蝶蘭、虎頭蘭、文心蘭、嘉德麗亞蘭、拖鞋蘭、國蘭、石斛蘭、木瓜、香蕉、草莓、苦瓜、馬鈴薯、牛樟、臺灣肖楠、金線連、非洲菊、火鶴花、白鶴芋、合果芋，21 世紀開始因蘭花產業蓬勃發展而成為國家重點產業之一。

植物組織培養技術的另一主要應用是無病毒培養。目前植物病

毒的種類已超過 500 多種，其中受害最嚴重就屬糧食作物（水稻、馬鈴薯、甘薯等）、經濟作物（油菜、百合、大蒜等）、花卉（石竹、蘭花、鳶尾等）。這些病毒使植物嚴重減產、品質下降。對於病毒，世界各國迄今還沒有有效的醫治辦法。利用植物組織培養技術，可以快速建立無病毒的試管苗。一般來說，植物的莖尖區域不帶病毒。用於脫毒培養的莖尖材料要求很小，一般在 0.1 ～ 0.3 毫米。不僅操作起來需要借助於顯微鏡等儀器，如此小的莖尖材料培養起來也有不少困難，存活率相當低。但是對於防病毒來說十分有效。

在國外，已投入無毒種苗生產的植物有馬鈴薯、蘭花、菊花、百合、草莓、大蒜等，不少國家都建立了無毒種苗生產基地。日本快速繁殖的草莓無毒種苗，可提高產量 30% ～ 50%。歐洲一些國家也普遍採用了快速繁殖的無病毒樹苗，大大提高了產量，改善了果實品質。

編按：臺灣政府最早於 1950 年代成立種子檢查室，將水稻種子消毒而逐漸緩解了稻苗徒長病以及稻麴病，是將此對策付諸執行且成功的最早例子。於 1960 年代執行馬鈴薯健康種薯繁殖制度也獲得成功。之後我國陸續開發柑橘、甘藷、百香果、綠竹筍、大蒜、百合、海芋、蘭科植物等無毒種苗種苗生產體系。

在中國的廣東、廣西、海南、雲南等幾個生產香蕉的省份，常常遇到一個棘手的大問題，就是香蕉一旦受到病毒侵害，不但產量降低，而且果樹生產力嚴重下降，不出幾年光景，香蕉樹已喪失生

產能力。利用植物組織技術，選擇優良的香蕉品種，建立無毒培養細胞，然後在試管中大量繁殖小苗。待小苗長到一定程度後，再移到田間生長。由於小苗在快速繁殖過程中完全處於無菌狀態，移植進田間後自然也是無毒，可以大大降低患病率，增加產量。幾年後，快速繁殖的種苗可更換一次，這樣便保證了生產力長期不退化。目前，中國南方幾個省份都在採用這種方法生產香蕉，效益相當大。

在快速繁殖脫毒方面，黑龍江省種子公司等單位已建成了馬鈴薯無毒種苗生產基地，透過組織培養生產的無毒種苗可使馬鈴薯增產 50% 以上，成功防止了馬鈴薯退化問題。上海市農科院已獲得草莓脫毒苗，經實驗證明可使草莓增產 40% 以上。廣西柳州也建成了甘蔗無毒苗生產基地。

植物組織培養技術在拯救瀕危物種方面也具有重要意義。對於一些瀕於滅絕的珍貴植物物種，即使只剩下一株，也可以讓它在短時間內透過組織培養技術繁殖出大量後代，以緩解瀕危局面，豐富自然界的物種寶庫。

2. 原生質體　植株再生

在試管或玻璃瓶裡培養一小塊植物組織或器官，可以迅速發育為完整植株，那麼培養任意一個植物體細胞能不能長成完整植株呢？從理論上說是完全可以，因為植物細胞具有全能性，除了少數不含細胞核的體細胞外（如植物韌皮部的營養運輸細胞），每一個體細胞都含有它所屬的植物生命活動需要的全部基因，只要條件適宜，都可以作為種子細胞，發育成完整植株。

但是與動物細胞不同，植物細胞被一層堅硬而富有彈性的細胞壁包裹著。這層厚厚的細胞壁使植物細胞變得十分「慵懶」，妨礙了全能性的發揮。假如除去這層細胞壁，或許植物體細胞會像種子那樣，種下去就會長出小苗。問題是，該怎樣除去細胞壁呢？

早在 1892 年，生物學家克勒科爾（Klercker）首先用機械方法除去了藻類的細胞壁。他將細胞放在高濃度的醣溶液中，結果細胞壁和細胞質發生了分離，弄碎細胞壁終於獲得了裸露的細胞。這種裸露植物細胞又叫「原生質體」。後來許多科學家試圖用這種方法製備原生質體，遺憾的是，利用這種方法製備原生質體產量極低，而且很多物種的細胞根本無法用這種方法獲得原生質體。

20 世紀 60 年代初，英國諾丁漢大學的科金（Cocking）教授用纖維素酶，分解番茄幼苗根尖細胞的細胞壁，結果獲得了大量的原生質體。利用酶分解方法的好處是可以製備出大量的原生質體，而且過

程中不容易造成細胞破裂。目前用這種方法幾乎能從植物的任何部位分離出大量原生質體，如葉片、花、果實、根、腫瘤組織以及體外培養的癒傷組織或細胞。一般來說，用葉肉組織製備的原生質體遺傳性狀比較一致，體外培養的組織或細胞無論是遺傳性狀還是生理狀態差異都很大，最好不要用來進行育苗。

由於酶製備原生質體的優點很多，這種方法後續獲得了很大發展，到了21世紀在植物細胞工程領域仍在廣泛應用，在實際應用上，常用的工具酶有纖維素酶、果膠酶、蝸牛酶和胼胝質酶等。纖維素酶是從一種稱為綠色木黴的真菌中提取的複合型酶製劑、果膠酶則是從另一種真菌—根黴中提取而來，它能把細胞從組織中分離出來、蝸牛酶和胼胝質酶對花粉母細胞的分解效果較好。有的酶製劑中含有許多雜質，如酚類、核酸酶、蛋白酶、過氧化物酶等，這些雜質既降低了酶活力，又對製備的原生質體有毒害作用。

在獲得了大量有活力的原生質體後，就可以用培養基來培養了，原生質體可以用固態培養法培養，即把製備好的原生質體均勻固定於瓊脂培養基中。具體操作時，先配製高濃度的固態瓊脂培養基，然後加熱溶化，再冷卻至 45℃，與製備好的等量原生質體懸浮液一起倒入直徑 6 公分的玻璃培養皿內，接著迅速而輕輕地搖動培養皿，使原生質體均勻地分散在瓊脂培養基中，用膠帶密封好，再放入直徑 9 公分的玻璃培養皿中，裡面放置濕的無菌濾紙，以保持一定濕度。這種培養法的優點是便於定點觀察一個原生質體的生長發育過程。首次培

養成功的菸草葉肉原生質體植株採用的就是這種方法。

原生質體也可以用液態培養法培養，它是把純化後的原生質體懸浮在液態培養基中，可作液態淺層培養或懸滴培養。由於原生質體易沉澱到培養瓶底部，每天需要搖動幾次，以利於通氣。這種方法生長速度較快，但當細胞分裂成細胞團時，需要轉移到固態培養基中，這樣才能使細胞繼續增殖或誘導分化成幼苗。

原生質體還可以用雙層培養法培養。首先把原生質體懸浮於液態培養基中，然後轉移到固態培養基上。液態與固態培養基相結合，能保持較好的濕度，在培養過程中需要定期加入新鮮培養液，這樣更有利於原生質體生長。

在原生質體發育過程中，首先是細胞壁再生。原生質體來源的植物不同，細胞壁再生的速度也不一樣，比如，有的蠶豆屬植物，在分離原生質體後 10 ～ 20 分鐘細胞壁已開始合成，而菸草葉的原生質體要經過 3 ～ 24 小時才開始合成細胞壁；另外，幼嫩的植物細胞合成細胞壁速度較快，成熟的細胞則慢一些。原生質體長出細胞壁後，已成為新的植物細胞，經過多次分裂後形成細胞團。細胞團繼續分裂增殖，形成癒傷組織。癒傷組織經過誘導後，長出幼芽幼根，進一步發育成植株。

迄今，不少植物如胡蘿蔔、油菜、馬鈴薯、水稻、小麥、木薯、草莓、蘋果等的原生質體植株再生都獲得了成功，一些真菌、細菌的原生質體再生也取得了重要進展。2013 年，王昱等報導了靈芝的原

生質體培養、2015 年，盧月霞等報導了雞腿菇的原生質體培養、孫玲等報導了反硝化聚磷菌 N14 的原生質體培養、楊子萱等報導了鼠李醣乳桿菌的原生質體製備和培養、2016 年，賈瑞博等報導了高粱紅麴菌 M-3 原生質體製備和培養。這些研究成果，都具有潛在的應用價值。

3. 花粉培養　良種生產

　　在植物育種中，有時會遇到一個十分棘手的問題：透過有性雜交獲得的種子種植後，長出的雜交植株遺傳性狀表現不穩定，有些優良性狀會丟失。這是怎麼回事呢？我們知道，植物的性狀受基因控制，在植物的體細胞中，基因一般是成對存在的。假如控制玉米植株高矮的一對等位基因是 A 和 a，其中 A 是顯性基因，就是說當 A 存在時，長出來的玉米是高植株；a 是隱形基因，可導致玉米長成矮植株。按照基因的自由組合規律，後代玉米的基因型會有 AA、Aa、aa 三種，表現型至少有兩種，其中 AA、Aa 都表現高植株，aa 表現矮植株。Aa 屬於雜合基因型，在後代中高矮性狀還會出現分離，必須經過若干代刻意育種的純化，才能形成穩定品種。這給育種工作帶來了諸多不利，尤其是像果樹這樣以無性繁殖為主、基因型高度雜合、生長期很長的植物，依靠常規的育種途徑，往往要經過許多年才能育成一個穩定的新品種。而透過花粉育種就可以避免這個問題。

　　什麼是花粉呢？花粉是種子植物的雄性生殖細胞，裡面的染色體數僅為正常體細胞的二分之一，因而花粉是單倍體，正常體細胞是二倍體。花粉的正常發育途徑是產生同樣是單倍體的精子，然後透過授粉過程與雌性生殖器官產生的單倍體卵細胞結合，形成二倍體的種子。花粉也具有全能性，透過培養可長成完整植株，不過單倍體植株與正常二倍體植株相比具有許多缺點：它葉子小、植株矮、長勢差、

生活力弱，一般不能開花結果。自然界裡存在單倍體植物，而且比單倍體動物多見。1921 年，伯哥納（Bergner）首次在高等植物曼陀羅中發現了單倍體植物。

　　儘管單倍體植物在生產上沒有多少利用價值，但可以作為育種過程的一個中間材料。由於單倍體植物沒有顯性基因對隱性基因的掩蓋作用，便於人們從中挑選出具有可用性狀的隱性突變體，因而經濟效應十分顯著。

　　科學家們找到了一種能使細胞裡染色體數目加倍的化學藥劑，它就是在育種中常用的秋水仙素。如果對花粉進行人工處理，也就是把它浸泡在 0.2 ～ 0.4% 的秋水仙素溶液裡，經過 24 ～ 48 小時處理後，再按常規途徑培養，可使染色體數目加倍，變成能夠開花、結果的正常的二倍體植株。這種二倍體植株的基因型是純合的，在以後的繁殖過程中，良種的性狀不會丟失，這樣可以簡化育種過程，縮短育種週期。而且，透過單倍體加倍後的純合二倍體可表現純合後的隱性性狀，擴大了性狀的選擇範圍，有利於對作物品種改良的設計和誘變育種的進行。

　　1974 年，尼特斯徹等人首創用擠壓法分離花粉進行培養的方法。他們取下成熟的菸草花蕾，在 5℃ 放置 48 小時後，進行表面消毒，取出花藥。讓花藥在 28℃ 的液態培養基上漂浮並用光照射 4 天，作為預處理。然後，用器械擠破花藥，製成花粉懸浮液。經過濾、離心、培養，最後只能得到了大約 5% 的花粉植株。成功率低的原因可

能是，花粉中缺乏細胞分裂啟動所需的有關物質，譬如至今仍然成分不明的水溶性「花藥因子」，致使生長、發育欠佳。

　　為了克服上述缺點，1977 年，單蘭德等科學家改進了培養策略，用自然散開法收集花粉。他們將花蕾或幼穗在 70℃冷處理 2 周後，讓其在適當的液態培養基表面生長，待花藥自然開裂散落出花粉後，離心收集花粉，置於含肌醇和穀醯胺的培養基中生長，使花粉發育成植株的效率有所提高。

　　由於單純的花粉培養不易成功，有的科學家仍喜歡選用花藥作為培養材料。花藥培養有時獲得的不是單倍體植株，這是因為花藥是由花藥壁和花粉囊組成的，花藥壁細胞是二倍體的，也可以形成癒傷組織發育成植株。

　　花藥培養技術直到 20 世紀 60 年代才獲得成功，迄今仍在農作物育種中廣泛應用。1964 年，兩位印度科學家採用毛葉曼陀羅的花藥首次培育出了單倍體植株，後證明這些小植株來源於花粉；1982年，利希特爾採用甘藍型油菜游離小孢子（花粉）培養，誘導胚胎發生和植株再生；2013 年，辣椒透過花粉培養育種成功；2014 年，大白菜、花椰菜、亞麻花粉育種成功。透過這項技術，已獲得了幾百種植物的單倍體植株。

　　中國自行研製的 N6 培養基、馬鈴薯培養基在水稻和小麥等作物上得到了很好的單倍體誘導效應，在國外也受到了好評。在木本植物

上，中國已獲得了蘋果主要栽培品種的花粉植株，還培養出了三葉香蕉、黑楊等 20 多種木本植物的單倍體花粉植株。

部分植物花粉培養

植物名稱	取材花粉發育時期	基本培養基	預處理方式	再生方式	研究時間
草莓	單核靠邊期	NLN	低溫	胚狀體途徑	2011（王萌）
馬蹄蓮	單核中晚期和雙核早期	NLN	高溫	癒傷組織途徑	2011（Wang SM 等）
印尼橄欖	單核晚期至雙核早期	NLN	熱激	胚狀體途徑	2011（Winarto B 等）
西蘭花	單核晚期	NLN	熱激並暗處理	胚狀體途徑	2011（Na Hy 等）
玫瑰茄	單核期	MS	低溫／高溫／暗處理	癒傷組織途	2012（Ma' arup R）
辣椒	雙核初期／單核晚期至雙核早期	NLNS	熱激／暗處理／甘露醇	胚狀體途徑	2013（Kim M）
衣索比亞芥	單核晚	NLN	熱激並暗處理	胚狀體途徑	2013（Yazdi EJ 等）
大白菜		NLN	低溫	胚狀體途徑	2014（施柳）
花椰菜	單核晚期至雙核初期	NLN	低溫	胚狀體途徑	2014（Gu H 等）
亞麻	單核中後期	HA		癒傷組織途徑	2014（宋淑敏等）
菜薹	單核靠邊期	MS	黑暗	癒傷組織途徑	2015（喬燕春等）

4. 植物細胞　中藥生產

　　全球植物種類約 30 萬種，僅高等植物就有 3 萬餘種，植物是人類賴以生存的食物和藥品的重要來源之一，在它們的細胞中包含著數以萬計的化合物。

　　李時珍編纂《本草綱目》的故事已為世人熟知，在這部巨著中共羅列了 1892 種藥物，其中絕大多數是植物。因為植物在生長過程中會產生一些「副產品」，即次級代謝物，其中許多是重要的藥物，可以用來祛病強身。

　　植物細胞中的藥用成分主要包括兩大類。一類是細胞後含物，它是細胞的儲藏物，包括生物鹼（alkoloicls），如麻黃鹼、阿托品、奎寧、小檗鹼等；醣苷類（glucoside），如黃酮苷、洋地黃苷、蒽醌苷、紫草寧等；揮發性油脂（volatile oil），如薄荷油、丁香油、桉油等；有機酸（organic acid），如蘋果酸、枸櫞酸、水楊酸、酒石酸等。另一類稱為生理活性物質，包括酶類（enzyme）、維生素（vitamin）、植物激素（plant hormone）、抗生素（antibiotic）和植物殺菌素（plantfungicidin）等。

　　據保守估計，目前已發現的植物天然代謝物已超過 2 萬種，每年還以新發現 1600 種的速度增加，這些新發現的植物生活副產品，都有可能成為新的藥物。

　　隨著對藥物的需求不斷增長，加之過度開採和自然災害的影響，

野生藥用植物資源日益枯竭，目前僅稀缺中藥就有百種以上。過去，許多名貴藥材（如天麻、人參、當歸、黃芪等）均採用人工栽培，然而由於植物生長緩慢，即使大規模栽培仍不能滿足實際需要。

那麼該怎麼辦呢？我們知道，植物是由細胞組成，它的藥物成分自然也是由細胞在生命活動中所產生，透過大規模培養植物細胞，就可以達到生產天然中草藥成分的目標，這時培養的每一個細胞本身都成了一個微型的藥物生產工廠，而且植物細胞培養是在人工控制的室內環境進行，不受季節和自然災害的影響。

1968 年，Reinhard 等開創了利用植物細胞生產藥物的先河，生產出了哈爾鹼，以後又相繼生產出了薯蕷皂苷、人參皂角苷和維斯納精。目前國外用於大批量生產菸草的細胞培養瓶已達 2 萬公升（20噸）（中國培養紅豆杉細胞以生產抗腫瘤藥物「紫杉醇」的規模，也已達每升 60 毫克）。

工業化培養植物細胞主要有兩種方法，一種是懸浮培養，另一種是固定培養。

懸浮培養適用於大量快速地增殖細胞。1953 年，Muir 成功地對菸草和直立萬壽菊的癒傷組織進行了懸浮培養，時隔 6 年，Tulecke和 Nickell 又推出了一個 20 升的植物封閉式懸浮培養系統。該系統由培養罐和 4 根輔助的導管組成，經高壓蒸汽滅菌後加入需要培養的細胞和培養基，然後用不含細菌的壓縮空氣進行攪拌；培養一段時間後，培養基裡的營養耗盡，細胞不再增殖和生長，這時開始打開培養

罐，收穫細胞並提取細胞的代謝產物。

這種分批培養方法的好處是操作簡便，且不容易遭到細菌污染；但生產效率很低，次級代謝物的積累很少，於是有人在此基礎上進行了改進。眾所周知，細胞在新陳代謝過程中會產生一些不利生長的有毒化學物質，如乳酸、氨等，當這些物質在培養液裡積累到一定量後，就會抑制細胞的生長。於是，科學家想出了一個絕妙主意：當培養基裡的營養消耗到一定程度時，開始排出一部分培養基，同時加入同樣量的新鮮培養基，這樣既補充了培養罐裡的營養，又稀釋了細胞在生長過程中產生的有毒化學物質，使細胞重新開始旺盛生長；待培養一段時間後，隨著培養基裡營養的消耗和有毒物質的積累，再補充新鮮培養基。這種培養方法稱為連續培養或灌流培養。其優點顯而易見，可以大大提高生產效率。

灌流培養雖然可以增加細胞本身的數量，但不利於積累藥物，於是科學家又發明了分段培養法。在培養的前期階段，補充營養，增加氧氣供給，促進細胞大量生長；到了後期階段，不再補充營養和氧氣，這時由於生活環境發生改變，細胞的新陳代謝方式也被迫發生了改變，開始積累較高濃度的藥物。

與懸浮培養相比，固定培養更有利於藥物積累。所謂固定培養，就是將細胞包埋在惰性支持物的內部或貼附在其表面。1979 年，Brodelius 率先用藻酸鈣固定培養橘葉雞眼藤、長春花、希臘毛地黃等植物的細胞。在實驗中，他發現固定後的細胞傾向于分化和形成組

織，而且這樣的細胞更有利於藥物合成。

常見的植物細胞固定培養法有平床培養和立柱培養。先說平床培養法，整個培養系統由培養床、儲液罐、蠕動泵等部分組成。床底是聚丙烯等材料編織成的無菌平墊，新鮮的細胞固定在平墊上；無菌培養基固定在培養床上方，通過管道向下滴注培養基，供給細胞營養；培養床上消耗過的培養基，再通過蠕動泵送回儲液罐。本系統的設備雖然簡單，但比懸浮培養法能更有效地合成天然藥物。

另一種固定培養法是立柱培養法。它是將培養的植物細胞、瓊脂、褐藻酸鈉混合，製成一個個 1 ～ 2 平方公分的細胞團塊，並將它們集中於無菌立柱中，這樣可使儲液罐下方的營養液流經大部分細胞，即滴液區比例大大提高，次級代謝物的合成大為增加，同時耗費的空間也大為減少。

植物細胞培養生產的產品不外乎兩種，一種是細胞本身，另一種是細胞的代謝產物，前者如人參、紫草、菸草的細胞培養。目前，人參細胞培養的規模已達 2 立方公尺，中國也達到日產 1 萬公斤濕細胞的產量。收穫濕細胞並凍乾，即可得到活性人參細胞粉，它既是保健食品的原料，又可作為藥材。紫草細胞的培養規模亦達到了 750 公升，獲得的紫草細胞可直接用於製造口服或外用消炎藥劑，也可用於提取紫草素。日本曾用二階段法培養菸草細胞，收集後作為香煙原料，規模達到 20 立方公尺。

透過植物細胞培養生產的初級和次級細胞代謝產物已有 50 多個

植物細胞培養生產的部分藥物

化合物	細胞來源	作用
地高辛	希臘毛地黃細胞	強心藥
毛地黃毒素	毛地黃細胞	強心藥
利血平	羅夫木細胞	降血壓藥
喹寧鹼	金雞納樹細胞	治瘧疾藥
長春花鹼	長春花細胞	治白血病藥
嗎啡	罌粟	止痛藥
四氫大麻醇	大麻細胞	治精神病
紫草素	紫草細胞	消炎藥
人參皂苷	人參細胞	保健品
黃連素	黃連細胞	止瀉藥
類胰島素	苦瓜細胞	類胰島素
β-葡醣腦苷脂酶	胡蘿蔔細胞	高雪氏症（葡醣腦苷脂酶缺乏症）

大類，包括藥品、香料、油類、乳膠、維生素、色素、激素、多醣、植物殺蟲劑、生長激素等，其中藥品又包括抗生素、類胰島素、抗腫瘤藥物等。已有 30 多種藥物的含量在人工培養時已達到或超過原本植物自然合成的水準，如培養的人參細胞中，人參皂苷的含量較天然植物高 5.7 倍，且含有天然人參不具有的酶類及其他活性成分，其保健作用優於天然人參。培養的橙葉雞血藤細胞培養物中蒽醌含量較天然植株高 8 倍。在已研究過的 200 多種植物細胞培養物中，已發現可產生 30 多種對人類有用的成分，其中不乏臨床上廣泛應用的重要藥物。

　　植物細胞培養極大地緩解了珍貴藥用植物短缺的緊張局面，豐富了中國特有的中草藥寶庫。從天然產物中尋找新的生理活性成分，開發新藥也成了全球研究熱點。

5. 動物細胞　大量培養

　　在人的血液中有一些極其重要的物質，它們在臨床上十分有效。如尿激酶是治療心腦血管疾病的重要藥物、干擾素是抵抗病毒入侵的重要藥物、紅血球生成素是治療惡性貧血的有效藥物，它們在人體內含量甚微，用常規方法難以提取。科學家研究發現，這些藥物都在基因指導下合成的蛋白質，如果可以分離和複製（cloning）這些藥物的基因，然後讓它們在細胞內的蛋白質合成胞器—核糖體上大量合成這些藥物蛋白，則可以獲得足夠的藥物。實際上，這也是生物工程應用的一個重要方向。

　　在生物工程實踐中，往往優先考慮把藥物基因轉殖入大腸桿菌中生產；這是因為大腸桿菌每 20 多分鐘分裂一次，而且培養基價格相對低廉，大大降低了生產成本。然而，有些藥物基因，如紅血球生成素，當轉入大腸桿菌中時，培養產生的藥物蛋白沒有活性，科學家不得不考慮把藥物基因轉入動物細胞（一般用倉鼠卵巢細胞）。

　　進一步分析發現，正常的紅血球生成素分子中有醣的成分，當基因在大腸桿菌中表達時，產生的紅血球生成素沒有醣成分，也就沒有活性。當基因在動物細胞中表達時，細胞裡的內質網和高基氏體可以為剛剛生成的藥物分子加上醣的成分，從而可以表現活性。雖然動物細胞生長緩慢，而且培養基十分昂貴，但為了生產高效的蛋白藥物，科學家們還是毫不猶豫地選擇了動物細胞。

實際上，轉入了藥物基因的工程細胞成了一個微型藥物生產工廠。要想大量生產藥物，必須有更多的藥物工廠，也就是大量培養工程細胞，讓它們源源不斷地分泌藥物。通常，人們習慣於把屬於「細胞工程」範疇的工程細胞（包括動物、植物、微生物細胞）大量培養稱為「生物工程中游」；而把透過基因工程手段獲得高產量藥物的工程細胞稱為「生物工程上游」；把從培養物中分離提取藥物稱為「生物工程下游」。因此，工程細胞的大量培養在基因工程生產藥物中具有承上啟下的重要作用。

動物細胞大量培養在策略上無非有二：一是擴大培養容器的容積；二是提高工程細胞培養密度。

培養動物細胞的容器叫細胞培養瓶，實驗室裡使用的一般為 2 公升或 5 公升，瓶體是用耐熱的玻璃製成，而工業化生產的細胞培養瓶一般要比這大得多，瓶體是用不銹鋼製成，可以就地進行高壓蒸汽消毒。不論是哪種培養瓶，通常連接有排液管、通氣管以及一些檢測培養瓶內環境條件的儀器探頭，如溫度計、pH 計、溶氧儀等。目前中國使用的細胞培養瓶大多數是從美國、德國和日本進口的，但中國的一些單位（如上海的華東理工大學、北京的中國科學院化工冶金研究所）也在積極研製和生產細胞培養瓶。

在工業化生產中，細胞培養瓶容積不能無限擴大，因為這會大大增加廠房面積，也增加了污染機率，一旦培養細胞出現污染，將會造成的巨大經濟損失。與擴大培養容器容積相比，提高工程細胞的培養

密度在經濟上顯然更為划算。

　　提高動物細胞培養密度的方法有很多，其中最早使用和目前普遍使用的是微載體法，它是由荷蘭科學家 Von wezel 於 1967 年發明的。所謂微載體，其實是一種在顯微鏡下才能分辨清楚的小球，通常是用明膠、纖維素、葡聚醣等製成的。細胞可以貼附在微載體表面生長，由於球體具有最大的表面積和體積比，使更多細胞貼附在上面生長，從而提高了單位體積上的細胞密度。

　　在實驗室進行少量培養時，為了節約成本，可用一側帶有分枝取樣口的轉瓶。它和磁力攪拌器配合使用，是由耐熱的玻璃製成的，從 100 毫升到 1000 毫升形成一個系列，根據不同需要可以進行選擇。培養前，在無菌條件下把動物細胞和微載體加入轉瓶，然後轉移到恆溫培養箱內。調節磁力攪拌器轉速，讓它帶動轉瓶內磁力攪拌棒轉

動物細胞培養用的生物反應器
A—玻璃培養罐（2升）；B—不銹鋼培養罐（20升）

動，以讓微載體和培養細胞懸浮起來，既利於細胞充分接觸營養，又利於細胞在微載體上貼附。

如果是剛開始摸索生產製程，最好是用電腦控制的培養瓶。開始時可用小的，如 2 公升的細胞培養瓶。瓶體上插有溫度計、pH 計、溶氧儀、進液管、排液管、取樣管、進氣管等。在具體培養時，瓶體及其附屬的管子和探頭密封後，首先進行高壓蒸汽消毒，之後在無菌條件下向罐內加入微載體和培養細胞。調節控制台上的溫度、pH、溶解氧、攪拌轉速等參數，使細胞在合適的環境下生長。

在培養過程中，需要定期取樣分析各種參數，如葡萄醣消耗、氨基酸消耗、乳酸積累、氨積累、細胞密度、轉入基因產生的藥物量，然後以這些參數為縱坐標、以培養天數為橫坐標畫出一些曲線，這樣便於分析培養效果。至於細胞在微載體上分佈得是否均勻以及形態是否正常，可取樣用顯微鏡觀察。待培養製程成熟後，可逐步擴大培養規模，直到適合工業化生產。

一般微載體培養的細胞密度為每毫升 100 萬～ 200 萬個細胞，如果把微載體技術和灌流技術結合，細胞密度可以提高一個數量級，從而大大提高了生產效率。所謂灌流培養，就是在培養過程中，透過電腦控制的蠕動泵不斷地抽出消耗的培養基，同時加入新鮮的培養基，使細胞始終在良好的營養環境中旺盛地分裂、生長。目前，灌流培養的細胞密度已達每毫升培養基近億個細胞，而人體內細胞的密度是每立方公分二三十億個細胞，因此該技術仍有發展潛力。

灌流培養法自動化程度高，減少了污染發生機率，特別適用於工業化生產。工程細胞分泌的蛋白藥物就存在於抽出的培養基裡，透過不斷地收集抽出的培養基，可對藥物進行分離純化。

利用微載體培養時，動物細胞只能在微載體表面生長，而且有些基因工程細胞是懸浮生長，不能貼附在微載體上，因此在微載體基礎上，又發展了多孔微載體，又叫多孔微球。它的製作材料主要有明膠、膠原、玻璃、塑膠、纖維素、陶瓷、海藻酸鈉等，但製作工藝遠比微載體複雜，主要是多孔微球的大小和孔徑不好掌握，儘管如此，國內外仍成功製造了多種多孔微球。

多孔微球的大小和微載體差不多，但表面有許多孔洞且內部幾乎是中空，細胞既可以在多孔微球內部生長，又可以在表面生長，因而大大提高了細胞密度。融合瘤的培養密度可以達到每毫升培養基上有 5 千萬個細胞，而貼壁性的基因工程細胞甚至可以達到每毫升微球上有一兩億個細胞，使工業化生產的成本大大降低。英國著名生物學家格瑞菲斯高度讚譽，它是微載體發展的第二階段，是細胞培養技術的一次革命。

多孔微球除了用於動物細胞的大量培養，一些可生物降解的多孔微球還可作為一種新的治療手段，即利用多孔生物材料培養具有重要醫學價值的骨髓和血球。

比較成熟的動物細胞大量培養技術還有中空纖維法、微囊法、流化床法等。目前動物細胞大量培養技術的規模已達幾千公升甚至上萬公升。

幾十年來，利用動物細胞大量培養技術已生產了許多具有重要實用價值和商業價值的細胞產品。比如，除了前面提到的基因工程藥物，還有腫瘤壞死因子、干擾素、組織型纖維蛋白溶酶原啟動劑、生長激素、血清蛋白等。再比如各種病毒的疫苗，由於病毒只能寄生在活細胞內生存、繁殖，因而病毒疫苗的生產離不開活細胞，用細胞大量培養技術生產的疫苗包括口蹄疫苗、狂犬疫苗、脊髓灰質炎疫苗、牛白血病疫苗、麻疹疫苗等，它們都是在嚴格控制的條件下進行生產。其他還有單株抗體，不僅種類繁多，而且應用領域廣泛。不僅如此，培養的某些活細胞本身也可作為治療劑。

近年來，隨著基因技術和細胞培養技術的發展和完善，國際上興起了一種用活細胞作為治療各種疑難遺傳病症（包括癌症）的活細胞療法。這一新興的醫療方法主要是採用遺傳工程技術，在體外繁殖患者的自體細胞，包括淋巴細胞、骨髓細胞、腫瘤浸潤的細胞、異體的胚胎細胞、嬰兒臍帶細胞、胸腺細胞等活細胞，使之擴增或形成具有療效的物質，如抗體、蛋白、激素等，再將這些活細胞注入或植入患者體中，來醫治一些惡性腫瘤和血癌等疾病。從國內外臨床實驗和應用來看，這種活細胞療法對癌症、白血病、糖尿病、血友病以及愛滋病等嚴重的遺傳病和傳染病都有明顯的療效。以治療癌症為例，其最大優點就是可以向擴散的細胞進攻而不傷害正常細胞。

目前，動物細胞大量培養技術已日臻成熟，成為細胞工程的一個重要領域，發展前景十分誘人。

6. 人造皮膚　煥發容顏

　　在人體所有器官中，除肝臟和大腦外，再沒有其他器官比皮膚的功能更加複雜多樣了。皮膚覆蓋著全身，是人體的重要門戶，也是人體抵禦外界各種病原體和有害物質入侵的第一道防線。皮膚內的表皮、真皮和皮下組織形成了一道獨特的三位一體的立體防線，能夠消除或減小外界各種物理（如摩擦、擠壓、牽拉、高溫、低溫、放射線、紫外線等）、化學（如酸、鹼、化妝品、外用藥等）和生物（如細菌、病毒、真菌、寄生蟲等）因素對人體的傷害。

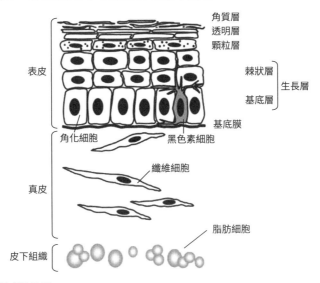

人類皮膚的組成和分層
（譯自：Larissa Zaulyanov and Robert S Kirsner. A review of a bi-layered living cell treatment (Apligraf®) in the treatment of venous leg ulcers and diabetic foot ulcers. Clinical Interventions in Aging, 2007, 2(1): 93－98）

　　不僅如此，皮膚還具有吸收功能。雖然正常皮膚很少吸收氣體、水分和電解質，但脂溶性物質、油脂類、重金屬、鹽類物質、無機酸等都可不同程度地被皮膚吸收，皮膚的吸收功能也是皮膚用藥的理論基礎。皮膚還具有分泌功能，皮脂腺能夠分泌和排泄皮脂，對皮膚和毛髮發揮著潤滑和保護作用。皮膚還能參與製造維生素 D3、調節體內水分、鹽分、儲藏血液、脂肪，發揮到人體血液儲存和能源儲存的重要作用。當然，皮膚的作用還不止這些。

　　正是由於皮膚是人體的門戶，它很容易受到傷害或染上疾患。如較大面積的燒傷、燙傷、皮膚化膿、潰瘍以及由微生物入侵導致的各種皮膚病，在治療過程中往往需要皮膚移植。如果用其他人的皮膚為患者移植，可能會出現免疫排斥現象，也就是說移植的皮膚無法順利在患者身上生長。從患者自身取皮，固然可以避免這一問題，但對於患者而言無疑是雪上加霜，只不過是一種拆東牆補西牆的下策。

　　長期以來，科學家們成功研製了多種皮膚代用品，豐富的臨床治療工具大大減輕了患者痛苦。其中頗引人注目的是近年來出現的一種「人造皮膚」。雖然說是「皮膚」，確切地說，並不是血肉之軀的皮膚，而是一種甲殼質纖維做的醫用紗布和護創貼。不過與臨床上應用的豬皮覆蓋材料相比，具有許多優點且價格低廉。

　　甲殼質廣泛存在於蝦類、蟹類和昆蟲類的外殼以及真菌類、藻類的細胞壁中，它無毒、可降解、與人體相容；人造皮膚是將甲殼質處理後拉成 12 微米寬的細絲，然後加工成各種醫用敷料，目前在實驗

室裡可以達到年產 1 公噸的規模。用甲殼質作皮膚代用品的好處是，它具有良好的透氣和透水性，敷在燒傷、燙傷、潰瘍、褥瘡等體表後，不僅能保護傷口不受感染，還有很強的治療功能，敷上以後不用更換，傷口好了自行脫落，經細胞毒性試驗、溶血試驗、皮膚原發刺激試驗，也符合醫用要求。然而，人造皮膚就像用大豆蛋白製成的食品「人造肉」一樣，它畢竟不是真正的皮膚，無法實現皮膚的一些重要功能。

從植物細胞經過培養後可以長出整個植株中，我們受到啟發，是否可以透過培養皮膚細胞再生皮膚呢？從理論上說當然可以，但在技術上很難施行，因為動物細胞不像植物細胞那樣即使分化後仍具有良好的全能性。就一般動物細胞而言，細胞一旦出現分化，全能性很難恢復；當然這並非絕對，有的皮膚細胞在外界環境條件改變後，也會返老還童，繼續分裂、增殖。

自 1997 年以來，美國、德國、俄羅斯、日本、英國以及中國天津的南開大學已經成功利用細胞培養技術製造出了皮膚，雖然這也是人造的，卻是具有真皮結構和功能的器官性皮膚。

中國南開大學製備的器官性皮膚是選用一種天然聚合物材料作載體骨架，讓活的天然皮膚細胞在上面附著、生長、分裂，待皮片長到一定程度後便可用於臨床。皮膚移植後，在一定時間內，載體材料的骨架會自行分解，產生新形成的細胞間基質，從而構成新的皮膚，達到類似於自身皮膚移植的效果。這種透過細胞培養技術生

產的皮膚是一種活性皮膚，等同於真正的皮膚，可用於大面積皮膚損傷後的皮膚移植修復，也能用於給不能提供自身皮片的患者（比如，皮膚潰爛的糖尿病患者）進行皮膚移植，是一種具有廣泛應用前景的人造器官產品。

不久前，日本東京大學的科學家們發明了一種能夠再造人體皮膚的新技術，儘管造人尚處於科幻階段，但新的人造器官技術已可實際應用。這些科學家主要是開發出了一種新型物質，它能夠給組織的再生提供良好條件；用這種物質做成立體框架，人體皮膚細胞以及其他細胞都能夠在上面生長，並且自我組織成必要的形狀及組織結構，這個過程就像人類的骨架可以為人體提供支援一樣。生長完成之後，那些支架就逐漸降解，最後只留下長成的組織。

雖然目前科學家還不能培養出可以伸縮轉動的眼睛以及可以托舉東西的手臂，但所掌握的技術已可以培養人造皮膚、血管，甚至某些最重要的生命器官，比如心臟瓣膜、骨頭和肺的組織，不過現在能夠實際應用的只有人造皮膚。

透過培養新生兒陰莖包皮細胞，美國科學家成功獲得了另一種真皮性皮膚。不久前，美國一家醫院用這種皮膚對 17 名患者進行了移植治療，所用皮膚是由紐澤西州一家藥廠提供的，售價十分昂貴。接受治療的 17 名患者包括 15 名兒童和 2 名成人，他們患有一種特殊的病症，其症狀為皮膚異常敏感，即使是輕微的觸摸也會使他們的皮膚出現水皰。科羅拉多州一對夫婦在他們兩歲半的女兒接受手術後，

對治療結果表示滿意。科學家分析，新生兒細胞生活力強，分裂旺盛，這可能是實驗成功的主要原因。

Apligraf 是美國 Organogenesis 公司生產的一種含有雙層活細胞的人工皮膚產品，也是目前比較成熟的組織工程皮膚產品。細胞成分是異體的上皮細胞和成纖維細胞，均來自新生兒包皮，移植成功率高。該產品已被美國食品藥品管理局批准臨床應用，治療慢性皮膚潰瘍、糖尿病等疾病。

中國生產的人造皮膚商品名為「安體膚」，2008 年初開始批量生產，已應用於臨床醫療。安體膚研發前後共用了約 10 年時間，科研經費投入 8000 萬元人民幣，而美國同類產品的研發週期是 18 年，科研經費投入 4.6 億美元。

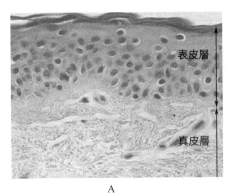
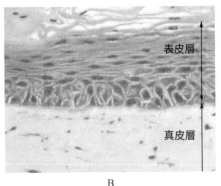

A   B

人面部皮膚與人工皮膚比較（光學顯微鏡圖，60 倍放大）
（引自：Carla Abdo Brohem, et al.Artificial skin in perspective: concepts and applications.Pigment Cell & Melanoma Research, 2011, 24(1): 35－50）
A—人面部皮膚的表皮層（Epidermis）和真皮層（Dermis）；
B—人工皮膚的表皮層（Epidermis）和真皮層（Dermis）

編按：臺灣自 1997 年起即開始研發人造皮膚，從最初的豬皮覆蓋材料到「矽膠／無細胞豬真皮」人造皮膚，再到 2020 年由工研院結合「生物墨水材料」、「皮膚細胞培養分化」與「自動化細胞 3D 列印機台」等三大領域技術，開發出「全皮膚組織列印技術」，可大量印製纖維母細胞和角質細胞，加速皮膚培養過程。

目前已經獲批或正在進行臨床試驗的組織工程皮膚產品

產品名稱	適應症	製造商
Alloderm	燒傷、燙傷	Life Cell，美國
Integra	大面積III度燒傷、燙傷	Integra Lifesciences Corporation，美國
Epicel	燒傷、燙傷	Genzyme Biosurgery，美國
TransCyte	II 度和III度燒傷	Advanced Tissue Science，美國
Apligraf	慢性皮膚潰瘍	Organogenesis，美國
Dermagraft	慢性皮膚潰瘍	Advanced Tissue Sciences Inc.，美國
		Smith and Nephew，英國
EpiDex	慢性皮膚潰瘍	Euroderm，德國
Epibase	慢性皮膚潰瘍	Laboratoires Genévrier，法國
Myskin	慢性皮膚潰瘍	CellTran，英國
OrCel	慢性皮膚潰瘍	Ortec，美國
BioSeed-S	慢性皮膚潰瘍	BioTissue Technologies，德國
Hyalograft3D Laserskin	慢性皮膚潰瘍	Fidia Advanced Biopolymers，義大利
安體膚		陝西艾爾膚公司，中國

這種利用異體細胞培養的皮膚進行移植的好處是，患者可以得到及時治療，但也存在免疫排斥的危險；真正理想的皮膚移植應該是先培養患者自身的皮膚細胞，再用於移植，這樣會大大提高移植成功率，但對於那些需要迫切治療的患者則不適用。

　　對於另一類患者，卻是一個大大的福音。他們的皮膚具有正常生理功能，但因某些因素而嚴重影響自身外觀。比如皮膚相當粗糙、有大面積的胎記、大片的面部疤痕等；愛美之心，人皆有之，如果能夠透過培養自身皮膚細胞，然後進行移植，使他們擁有自己滿意的容顏，無疑會使他們感到更加幸福。隨著科技的發展，這在將來是可以做到的。

7. 培養器官　植腎換肝

　　對於一部機器，當個別零件損壞後，會導致不能運轉，當更換這些零件後，機器就恢復正常運轉。其實，人體也是這樣，從古至今，只要某一要害器官受到損傷與衰竭後，就可導致死亡。這種要害器官或是腎、或是肝、或是心、或是肺……假如僅僅是腎功能衰竭，而其他重要器官（心、肺、肝等）都完好無損，也將導致死亡。

　　那麼，人能不能像機器一樣，當某一零件損壞了，換上一個新零件使機器重新運轉而不至於報廢呢？2000 年 5 月 30 日，哈薩克西部阿克糾賓斯克州醫學院的科學家用胚胎幹細胞培育出新肝臟。他們把胚胎幹細胞注射入患肝硬化的老鼠體內，發現在有病變的肝臟旁發育出第二個肝臟，新肝臟取代了病變肝臟的原有功能；本來患這種病的老鼠通常會在一兩周內死亡，經過這種治療後，病鼠逃過一劫。該醫學院副院長伊斯特留奧夫說，老鼠首次得到一個新肝臟，一個絕對健康肝臟，其功能與原有的完全一樣。得到治療的老鼠已經可以到處跑動、進食和完成其他活動。實驗還顯示，注入老鼠體內的細胞沒有損害老鼠的大腦以及其他重要器官，說明這種治療手段是安全可靠。

　　這一實驗雖是在動物身上進行的，對於人類也同樣具有重要意義。如果這種方法應用於人類，就能挽救患肝癌、肝硬化的患者，因為這些疾病都需要更換肝臟。

　　早在西元前 300 年，我們就有過利用器官移植治療疾病的神奇

傳說。在《列子·湯問》中記載著戰國名醫扁鵲為趙、魯二人互換心臟的故事；但這畢竟是傳說和幻想，按照當時的醫學水準，根本不可能做那樣的手術。

真正的器官移植實驗開創於 20 世紀初，迄今已有近百萬名身患不治之症者，透過腎臟、肝臟、心臟、胰腺等器官移植以及骨髓移植，獲得了第二次生命。在器官移植時，用於移植的器官價格昂貴，且來源嚴重不足，這使許多亟待治療的患者只能望洋興嘆。從 2015 年 1 月 1 日起，中國全面停止使用死囚器官作為移植供體來源，公民逝世後自願捐獻器官成為器官移植使用的唯一合法管道。

利用幹細胞培養法生產人造器官，有望緩解器官供應的緊張局面，使更多的患者得到有效治療。利用多能或專能的幹細胞培育人體細胞和組織的研究，目前已經取得了一定成果；但應用前景更廣闊的還要數分化能力最強的全能幹細胞，它只能透過胚胎獲取。受精卵在分裂期的早期、尚未植入子宮之前，會形成一個稱為囊胚的結構，它由大約 140 個細胞組成；在囊胚內部的一端，有一個內細胞團，這個細胞團便是具有全部分化能力的胚胎幹細胞集合。如果能將它們取出，就可以在體外誘導產生不同的組織細胞甚至器官，供進行移植治療使用。

在體細胞複製技術出現之前，科學家只能透過流產、死產或人工授精的人類胚胎獲取幹細胞進行研究。複製羊「桃莉」的問世，意味著人們可以透過體細胞複製出人類胚胎，這將使獲取幹細胞更為容

易。醫生可以從患者身上取下體細胞進行複製，使形成的囊胚發育6～7天，然後從中提取幹細胞，培育出遺傳特徵與患者完全吻合的細胞、組織或器官，然後向提供細胞的患者移植這些組織、器官，這就是所謂「治療性複製」。與其他人造器官相比，治療性複製的優越性是不會產生排斥反應，手術成功率高，這個技術一旦成熟，血球細胞、腦細胞、骨骼和內臟都將可以更換，這給患白血病、帕金森氏症、心臟病和癌症等疾病的患者帶來恢復健康的希望。

在新加坡，科學家透過其他技術途徑也獲得了移植所需的器官。從幾年前開始，新加坡國立大學工程系、生物科學系和醫學系的研究人員通力合作，從有問題的器官中抽取細胞組織，在實驗室裡培養後，再注射回原來的器官，讓細胞自然增殖、重新生長；不久前，他們已為三名患者進行了軟骨組織培育，到現在為止，患者的情況非常穩定。除了軟骨，醫學系研究小組目前也在動物身上進行神經、心臟血管及肝的體外培養實驗，效果令人鼓舞。

新加坡國立大學醫學系李永興教授告訴媒體：今後，當一個人的器官受損或被病菌感染時，醫生將不會再為他們移植人造器官，而是從有問題的器官內取得細胞組織，在實驗室裡培養後，再把它們注射回原來的器官，讓細胞自然增殖、重新生長。由於所採用的是患者本身的細胞組織，身體不會出現排斥現象。他透露，他們也將嘗試從女性身上抽取卵子進行培養，理論上，由於卵子是人體的胚胎，因此無論移植到任何一個器官，都應該能夠成功「融合」。21世紀初，新

加坡國立大學生物醫學工程專業的張瑞興教授也向媒體表示，他的實驗室已成功地在動物身上完成骨骼及皮膚的細胞培養工作。他希望在未來 5 ～ 10 年內，能把這項技術應用到人身上，但目前沒有見到相關報導。

在俄羅斯，科學家們將老鼠的胰腺移植到糖尿病患兒體內，試圖醫治這種難以治療的疾病，結果獲得很大成功。這種新方法是由全俄移植學和人造器官研究所研發出來，在兒童臨床醫院得到試用。醫學專家將新出生的一種大耳朵老鼠做淺度麻醉，然後取出胰腺，置入營養液進行培養，兩個星期後移植到患兒的腹部肌肉裡，移植到人體內的老鼠胰腺組織會製造出胰島素及其他人體必需的物質。移植老鼠胰腺後，患兒病情迅速好轉，身高也開始增長。40 隻老鼠的胰腺足以治療一名兒童糖尿病患者。

兒童患糖尿病後往往引起所謂毛利阿克氏症，表現為抑制患者身體各器官的發育，使其身高不足 150 公分，形似侏儒。採用新方法治療後，患兒病情不但大大減輕，一般在一年內身高可增長 20 公分左右。

在日本，科學家們培育出帶有人組織器官的豬（嵌合體豬）用於器官移植。豬的臟器，無論從體積大小還是從功能來看，都與人的臟器十分相似，只要克服移植過程中出現的排斥反應，豬的臟器照樣可以為人所用。名古屋大學的研究人員將人類的 DNA 細胞植入豬的受精卵中進行實驗，不久前他們宣稱，在世界上首次培育出了「嵌合體

豬」新品種。他們透過現代生物技術將人血中的各種酶的基因與豬的冷凍胚胎相互融合，然後將其植入 19 頭母豬的子宮中，結果有 3 頭母豬在預定時間內順利產下 27 頭混有人血基因的小豬崽。在研究人員精心養護下，它們均生長發育得十分健壯。

科學界普遍認為，在人與豬之間架起的「血橋」是向著實用器官移植邁出的重要一步，最終有利於豬器官在人體內安家落戶。這一成果受到國際生物學界的廣泛關注，千百萬人將會因此而獲益。

美國的科學家們在人造器官方面甚至走得更遠，他們試圖透過基因合成技術「從頭」設計和生產人造器官，並可望這種人造器官在兩年內誕生。

組織工程技術與 3D 列印技術相結合為組織器官再生提供了新契機：一方面，可利用各種細胞和生物材料在體外列印出某些組織器官的「雛形」，進而培養出有功能的組織器官，供臨床移植應用；另一方面，可在活體上用細胞和可降解生物材料作「墨水」原位列印（in situ printing）缺損的組織器官，節省了體外培養的組織器官還要進行移植的步驟和費用。3D 列印出來的組織器官「雛形」形狀是固定的，但由於組織器官裡有活細胞，細胞是會生長的，所以隨著時間推移，組織器官的形狀會發生改變。這種列印出來的物體可隨時間而變化的列印技術，又叫 4D 列印，在組織器官再生領域具有重要應用前景。更高級的是 5D 列印，列印出來的物體不僅形狀可以隨時間改變，功能也可以隨時間改變。這種 5D 列印理念非常適合組織器官製作，

因為人體組織器官的形狀雖可以直接列印出來，但生理功能直接列印不出來，只能隨著以後細胞的生長發育去實現。遺憾的是，無論 3D 列印還是 4D、5D 列印，都還沒有創造出真正具有生理功能的組織器官，尤其是有生理功能的血管和神經的列印，就更是難上加難。

有生理功能的組織器官，未來也許可以透過 5D 列印實現，屆時植腎換肝有可能將像汽車換零件一樣簡單。

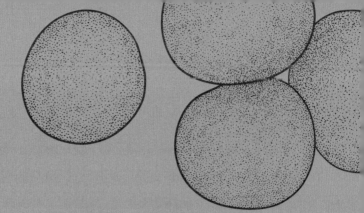

第三章
奧秘無窮的細胞融合

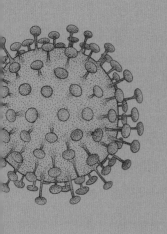

1. 雜交細胞　生產抗體

　　細胞融合是最早發展起來的細胞工程技術之一。透過同種類型或不同類型細胞之間的融合，可以創造出許多奇跡，其中單株抗體（簡稱單抗）就是一個很好的例子。什麼是單抗？它又是怎樣製造出來呢？

　　我們對免疫系統都不陌生，它是生物體的一個重要功能。依靠這一功能，生物體可以識別自己和外來的物質或成分，以破壞、排斥侵入體內的細菌、病毒以及其他異物，甚至還能對抗體內正常細胞「叛變」後產生的腫瘤細胞，從而對生物體發揮保護作用。可以說，人和高等動物體內演化出來的免疫系統是名副其實的健康守護者。當免疫系統的功能降低或遭到破壞後，生物很容易感染疾病。比如，令人膽戰心驚的愛滋病毒就是專門破壞人體的免疫系統。

　　免疫系統主要由淋巴細胞（淋巴球）組成，包括 T 細胞（又叫胸腺淋巴細胞）和 B 細胞（又叫骨髓淋巴細胞）兩種。當抗原（比如細菌、病毒等病原體）侵入高等生物體內後，一方面，T 細胞會產生多種淋巴因子排斥抗原，使它們難以立足，另一方面，在 T 細胞協助下，B 細胞會分化產生許多漿細胞。每個漿細胞就好比一座兵工廠，可以生產出無數殺傷細菌、病毒或癌細胞的武器，也就是抗體。

　　抗體的結構與誘導產生抗體的抗原物質結構相對應，能夠像鎖頭和鑰匙一樣相互對應結合在一起。當抗體透過結合把抗原包裹起來

後，抗原的行動就受到了束縛，無法在體內隨意「肇事」。最終，吞噬細胞會把被圍困的抗原吞噬、分解掉，遭受入侵的生物體也就平安無事。

新生兒能夠透過吸吮母親的乳汁獲得抗體，從而不容易染上疾病；兒童可以透過接種疫苗獲得抗體，產生對一些疾病的免疫力。當天花這種急性傳染病還沒有絕跡的時候，人們小時候都要接種一種稱作牛痘的疫苗；牛痘本來是牛隻罹患的一種疾病，由於與人類的天花症狀相似，人們就提取牛痘病毒，先進行減毒而後製成活疫苗。當把減毒的牛痘病毒也就是抗原給人體接種後，人體的免疫系統會立刻展開行動，體內產生專門對付牛痘病毒的抗體。有朝一日，當天花病毒真的入侵時，B 細胞會更迅速地產生這種抗體，將入侵的病毒團團圍住，並等待吞噬細胞來吞噬和分解，使人免受天花疾病傷害之苦。

正是由於抗體可以與侵入生物體內的致病微生物相結合，在臨床上可以用來治療疾病。最開始的時候，人們往往把抗原提取出來，注射到動物體內，使其產生抗體，然後從動物血清中提取需要的抗體。用這種方法製備的抗體數量極其有限，限制了在臨床上的應用；而且從血清中費了九牛二虎之力提取出來的抗體，實際上是多種抗體的複合物，人們稱這種複合物為多株抗體。多株抗體可以對付多種外來病原體的入侵，但多種病原體同時入侵生物體的情況很少發生，因此在實際應用上，多株抗體既浪費，效率又很低。

科學家設想，要是能把製造某種抗體的單個淋巴細胞進行複製，

製成針對某種病原微生物的單株抗體，就一定能成為對付某些疾病的有力武器。所幸分離產生單株抗體的 B 細胞並不困難，但問題在於，由 B 細胞衍生出來的一些細胞壽命都很短，增殖幾代以後就「壽終正寢」。這樣就無法得到足夠的單株抗體，也就沒有實際應用價值。有沒有辦法使 B 細胞「長生不老」呢？

科學家注意到，體外培養的腫瘤細胞幾乎不受任何限制，可以無限地繁殖下去。於是有人想，可以把腫瘤細胞分離出來，注射到動物體內，使其產生抗體，再加以分離，說不定能獲得單株抗體；但遺憾的是，這項有意義的探索最終沒有獲得理想結果，製造出來的抗體既不能與抗原發生反應，也沒有任何專一性，整個實驗以失敗告終。

科學家並沒有放棄探索。不久，有人在實驗中觀察到，一些不同種類的動物細胞可以互相融合，這大大啟發了科學家們的思路。既然 B 細胞能夠產生抗體，腫瘤細胞可以無限增殖，假如把兩種細胞融合在一起，不就有可能獲得既能產生抗體又能無限增殖的全新細胞嗎？這一設想為最終解決單株抗體生產困難鋪平了道路。

1975 年，也就是 DNA 重組技術宣告成功後的兩年，生物技術又獲得了一項關鍵性突破。在英國劍橋大學分子生物學實驗室工作的科學家 G.Köhler 和 Milstein，成功地把分泌單一抗體的一種 B 細胞與能夠無限增殖的骨髓瘤細胞融合在一起，人為地製造出一種雜交細胞，並實現了複製。這種融合瘤（即雜交產生的瘤細胞）承襲了兩種親代細胞的遺傳特性，既保存了骨髓瘤細胞在體外迅速增殖的能力，

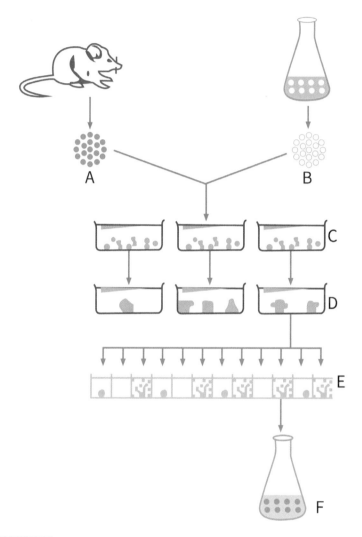

單株抗體製備流程
A—B 細胞；B—骨髓瘤細胞；C—融合後細胞在多孔培養板中生長；
D—融合瘤生長而其他細胞死亡；
E—檢查培養液中特異抗體並選殖分泌特異抗體的陽性細胞；F—大量製備單株抗體

又繼承了 B 細胞合成與分泌抗體的能力，可以用來大量生產單株抗體。由於這一發明，G.Köhler 和 Milstein 榮獲了 1984 年的諾貝爾生理學與醫學獎。

融合瘤的製作流程如下：首先對小鼠進行免疫，即注入某種抗原物質，接著從小鼠的淋巴器官脾臟中分離出脾細胞，與骨髓瘤細胞進行融合，然後選擇出能夠產生需要的單珠抗體的融合瘤。

由於融合瘤是四倍體細胞（細胞中的染色體數是一般動物體細胞的二倍），遺傳性質不穩定，隨著每次細胞分裂，可能丟失個別或部分染色體，直到細胞呈現穩定狀態為止。

當獲得足夠數量的穩定單株抗體融合瘤後，將它們注射進哺乳動物（如小鼠）的腹腔，飼養到一定程度，便可收集這些細胞，用於大量製備單株抗體。這種生產方法當然比較原始，近年來出現了更現代化的生產方法。把單株融合瘤轉移到培養瓶或大型細胞培養瓶中進行擴大培養，再收集細胞培養液，用來大量製備單株抗體。

2. 單抗繁多　應用廣闊

　　單株抗體的出現，雖然僅有短短幾十年的時間，但是發展速度極快，給醫藥業帶來了巨大變化。據不完全統計，在美國僅應用於免疫檢測的單株抗體就已經占診斷檢測項目的 30%，2000 年利潤達到100 億美元。2010 年全球治療用單抗藥物的銷售總額達到 440 億美元，如果加上 100 多億美元的單抗診斷和研究試劑，單抗藥物的市場總量達到 550 億美元。2015 年單抗藥物的市場總量已經達到 1兆美元左右。未來，全球單株抗體藥依舊會保持較高的增長率。

　　有的科學家說，單株抗體是最先商品化的高技術藥品，用單株抗體代替傳統的臨床診斷方法，大大加快了臨床診斷速度。透過病原性抗原（比如，致病性病毒、細菌及癌細胞表面的抗原）與抗體之間的特異性反應，可迅速診斷病人是否罹患某種疾病。過去採用的抗血清是多種抗體的混合物，只能作為診斷的輔助方法，要確診某種疾病，仍需要進行複雜的化驗，既費時費力，還往往因診斷不及時而延誤治療。

　　自從有了針對某種單一抗原的單株抗體診斷試劑，在很短的時間內就可以診斷出很多疾病，不僅可用於病毒性疾病、細菌性疾病、性病、寄生蟲病、腫瘤等疾病的診斷，而且可用於免疫缺陷症診斷、早孕檢測、婦女內分泌疾病、絨毛膜癌和葡萄胎、心血管疾病的診斷。

　　近年來，利用單株抗體技術製作高靈敏度的診斷試劑技術已日臻成熟，產品已不斷被簡化，出現了可攜帶的單抗診斷藥盒。英美

市場上已出現多種，中國也已生產出診斷靈敏度高的 B 型肝炎單抗診斷藥盒，並在市場上出售。除此之外，還有大腸癌單抗診斷藥盒、胰腺癌單抗診斷藥盒等十幾種產品正在試驗中或已投入大量生產。

近年來，一系列單抗體生殖健康診斷試紙從中國雲南陸續普及到各地，這顯示中國的單抗體技術已走向成熟，並進入實際應用階段。

中國雲南大學，以馬嵐博士為首的研究人員在單抗體技術方面經過 10 年的研究開發，利用中空纖維反應器技術、抗體純化技術、免疫層析膠體金顯色技術、試紙膜材紙材篩選搭配技術等成功地突

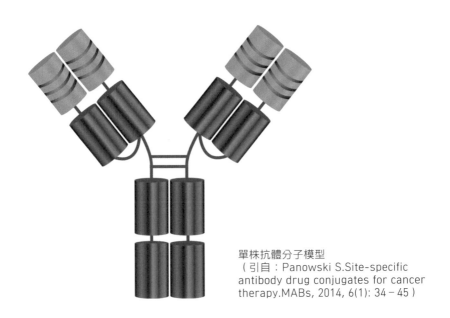

單株抗體分子模型
（引自：Panowski S.Site-specific antibody drug conjugates for cancer therapy.MABs, 2014, 6(1): 34 – 45）

破了多個技術瓶頸，已掌握了從單株抗體規模化生產，到自主開發
生產單株抗體快速診斷試紙的全套技術，在中國的單株抗體大量生
產和應用上取得重大進展。中國雲南已具備了年產單株抗體 20 公
克和日產試紙 8 萬片的能力。

在幫助器官移植方面，單株抗體也有不俗表現。據統計，腎功
能衰竭在中國的年發病率為每百萬人 50 ～ 100。據中國中科院院
士黎磊石介紹，腎功能衰竭的傳統治療法為血液透析（即俗稱的洗
腎），但洗腎患者仍存在著併發心血管疾病的風險、適應性差和經
濟負擔沉重等問題。他說，同種異體腎移植是治療晚期腎功能衰竭
最有效的方法，但會產生免疫排斥反應。

編按：臺灣自行研發多種單株抗體檢驗試劑，其中腸病毒71型快速
檢驗試劑即是一例，讓醫療人員能夠更快速判定。新冠肺炎
快篩試劑更是近年臺灣自行研發的重要成果，中央研究院自
2020 年 2 月初僅花費 19 天，針對 7 種人類冠狀病毒核蛋白
抗原製造出 46 珠單株抗體，其中 1 珠僅對 COVID-19 反應，
不會與 SARS、MERS 及其他冠狀病毒交叉反應，可於快篩
時有效判別 COVID-19 感染。

瑞士羅氏公司研製的人源性單株抗體「賽尼呱」給腎移植後急
性排斥反應患者帶來了新希望。科學家介紹，賽尼呱是世界上第一
個用於腎功能衰竭患者移植後預防急性排斥反應的單株抗體，也是
世界上第一個特異性作用於白血球介素2（細胞分泌的一種淋巴因

子，可以調節免疫系統功能）受體的人源化單株抗體，還是第一個獲得美國食品與藥品管理局批准應用於臨床的人源化單珠抗體。

賽尼呱的作用機制是，透過阻斷白血球介素 2 與其受體的結合，來抑制白血球介素 2 介導的淋巴細胞啟動和增殖，從而抑制移植器官免疫排斥反應中的細胞免疫反應。國際臨床資料表明，若在原有免疫抑制方案中加入賽尼呱，急性排斥的發生率可進一步降低 40％，同時患者一年的死亡危險性降低了 70％，移植腎一年後喪失功能的危險性降低了 36％，而且不增加諸如感染和淋巴瘤的發病率等副作用。中國臨床實驗表明，標準三聯免疫抑制方案中加入賽尼呱後，急性排斥反應的發生率僅為 2.6％，且不增加感染等嚴重不良反應。

單株抗體除用於檢測與診斷外，還可作為藥物用於疾病治療，主要是癌症的治療，如大腸癌、直腸癌、淋巴癌、乳腺癌、卵巢癌、肺癌、黑色素瘤、白血病、前列腺癌、胰腺癌等，也有治療類風濕性關節炎、第一型糖尿病的單株抗體。單株抗體還可與各種毒素（如白喉外毒素、蓖麻毒素）、放射性元素或藥物（如胺基甲基葉酸、阿黴素等）進行化學偶聯製備成標靶藥物用於腫瘤治療，提高藥物對腫瘤的療效，減輕藥物的副作用。2013 年，全球排名前 10 位的暢銷生物製品中，抗體藥物佔據 5 席。抗體藥物市場銷售額增長勢頭不減，世界各國紛紛投入巨資開發，全球醫藥巨頭（如羅氏、諾華、輝瑞等）更是不惜重金開發抗體藥物。截至 2014 年底，中國

國家食品藥品監督管理總局共批准 9 個自主或合作研發的單株抗體藥物，主要涉及抗腫瘤、抗排異、自體免疫疾病等領域，還有部分藥物處於臨床研究階段。

編按： 臺灣於 2022 年開發抗愛滋病毒感染之雙特異性單株抗體藥品 TMB-370，目前已獲美國 FDA 臨床試驗許可。此前已研發出抗單純皰疹病毒單株抗體、阿茲海默症、登革熱、腸病毒、大腸直腸癌、糖尿病、高血脂、自體免疫疾病、B 細胞淋巴癌等抗體新藥。

單株抗體不僅用於醫學，在農業上也大有用武之地。近年來，出現了幾十種用於家畜疾病診斷和治療的單株抗體試劑，這些家畜疾病包括馬的傳染性貧血病、牛的白血病、口蹄疫、豬瘟、豬氣喘病等。

也許給動物治病並不新鮮，更為有趣的是，單株抗體還能給植物診斷和治療疾病。其實道理很簡單，因為植物跟動物一樣，許多疾病都是由致病的微生物引起的，這些微生物包括細菌、病毒等。單株抗體可以準確診斷病毒的株系和細菌的生理小種，還可以製成針對某種致病病毒或細菌的單株抗體試劑。這樣就可以透過從病灶上取其病原微生物進行快速鑑定，以找出病因。市場上已有不少農作物病害的單株抗體診斷試劑問世，如馬鈴薯病毒（X、Y）、菸草花葉病毒、蘋果花葉病毒、柑橘潰瘍病毒、青枯病菌等的診斷試劑。

單株抗體還可應用於基礎研究、工業、環境保護與食品檢測、蛋白質提純以及標靶藥物抗癌等眾多領域。

3.生物導彈　消滅腫瘤

一提到導彈，人們自然就會聯想到一些具有鋼鐵之身和殺傷力巨大的傢伙，按理說不應該和腫瘤有什麼關係；其實，這裡所說的生物導彈與軍事上的導彈有很大區別。

生物導彈又是什麼東西？

我們知道，腫瘤的傳統治療方法主要有外科手術、放射治療、化學治療等，然而這些手段大多不能區分正常細胞和腫瘤細胞，也就無法選擇性地單獨破壞腫瘤細胞。一些能夠高效消滅腫瘤細胞的化學藥物或治療方法，往往是傷敵一千，自損八百，甚至有可能會置患者於死地，即使是中等劑量的治療有時也會產生強烈的副作用。現代免疫學研究發現，某些單株抗體可以識別腫瘤細胞表面的抗原，並與之牢牢結合；這點和軍事上使用的導彈很相似。科學家利用單株抗體的這一特性，讓它和抗腫瘤藥物結合，就能把毒性很強的抗腫瘤藥物運輸到腫瘤部位，針對腫瘤細胞進行殺傷，卻不會傷害人體正常細胞。這種單株抗體和抗腫瘤藥物的結合物就是「生物導彈」—標靶藥物。

標靶藥物一旦進入人體，可以從眾多的目標中捕捉到自己要攻擊的物件，然後循著既定的路線殺向敵人的老巢—癌症病灶。軍事上的導彈雖具有一定殺傷力，但往往因為威力不足而不能徹底摧毀目標，需要帶上具有強大殺傷力的彈頭，比如化學彈頭、核彈頭，標靶藥物也是這樣。

像癌細胞這樣繁殖極快的頑固細胞，就算結合普通抗癌藥物與單株抗體，依然很難置它於死地；要想殺死腫瘤細胞，施用的藥物劑量必須很高，不過這樣一來，難免產生副作用，對健康細胞造成威脅。另一方面，科學家發現，腫瘤細胞表面的抗原數目實在有限，能夠與之結合的單株抗體數量不多，這也妨礙了使用大劑量的抗癌藥物；因此，在利用標靶藥物治腫瘤時，選擇合適的「彈頭」十分重要。

在實踐中，科學家想到了利用一些高毒性的天然物質取代抗癌藥物來製作標靶藥物的「彈頭」，比如細菌毒素、蓖麻毒素等。它們與單株抗體的結合物又叫免疫毒素，只要極微量的免疫毒素分子甚至一個分子就能殺死一個腫瘤細胞，這樣標靶藥物釋放後，能夠徹底摧毀所有的癌細胞。

儘管從理論上講，單株抗體完全可以用於癌症治療，然而在臨床實際應用時有一定困難，所以用標靶藥物治腫瘤或癌症的方法，近年來一直發展緩慢；不過，值得慶倖的是，在這方面已經有了一些成功例子。1986 年，世界上首個單株抗體藥物—抗 CD3 單株抗體 OKT3，用於治療腎移植後的排斥反應，獲得美國食品藥品管理局批准上市，由此拉開了單株抗體藥物治療疾病的序幕。1990 年，美國加州大衛斯大學醫院的德納多博士，使用單株抗體將 6 位已發生癌細胞擴散的晚期乳腺癌患者的腫瘤縮小了 50% ～ 75%，當時這 6 位患者的癌症已侵犯胸壁或轉移至骨骼或淋巴結。從實驗中得到的單株抗體可對抗各種癌細胞，它攜帶能殺死癌細胞的化學物質，有針對性地

殺死癌細胞，然後排出體外而不傷害健康組織和細胞。德納多用放射性碘與單株抗體結合殺滅腫瘤細胞，這種藥物透過體內代謝，能有針對性地攻擊骨骼、胸壁、肝、淋巴結和腹部等處的轉移腫瘤細胞。

　　美國約翰·霍普金斯醫學院的一名醫生，把放射性碘與單株抗體相結合，注射到晚期肺癌患者體內，獲得了很好的治療效果。

　　科學家們研究發現：患者光是接受最低劑量的治療，就能使腫瘤縮小50%；如果接受最高劑量的治療，則可將腫瘤縮小到75%。2002年，美國食品藥品管理局批准首個全人源單株抗體阿達木單抗注射液；這是一種在倉鼠卵巢細胞中表達的重組全人源化腫瘤壞死因子 α 單株抗體，用於治療類風濕關節炎和僵直性脊椎炎。截至2013年，經美國食品藥品管理局批准上市的單株抗體藥物一共有46種，進入臨床試驗階段的單株抗體多達220多種，治療範圍涵蓋腫瘤、自體免疫疾病、治療器官移植排斥反應、抗感染、止血、呼吸道疾病等，其中又以腫瘤和自體免疫疾病藥物的市場最大、種類最多。中國截至2014年底，國家食品藥品監督管理總局批准了注射用抗人 T 細胞 CD3 鼠單抗、恩博克、益賽普、唯美生、利卡汀、強克、泰欣生、健尼呱、朗沐等抗體藥物，其中唯美生用於治療肝癌、利卡汀用於治療原發性肝癌、泰欣生用於治療鼻咽癌。

　　標靶藥物還有其他一些用途，如果在彈頭上安裝其他化學物質，比如生化試劑、反應劑等，不僅可用來診斷諸如血清成分、細菌、病毒、寄生蟲等引起的疾病，還可用來檢測、分離、提純包括干擾素、

膜蛋白和細胞內用其他常規方法難以提取純化的各種微量成分,從而為科學研究和醫療服務。

編按: 以臺灣國內抗體藥物權威吳漢忠博士為首的研究團隊開發單株抗體新藥 AM-928,於 2023 年初獲得美國 FDA 臨床試驗許可,未來將可針對大腸直腸癌、胃癌、頭頸癌、肺腺癌、乳腺癌、卵巢癌等固態腫瘤進行打擊。中央研究院研究團隊也已研發出阻斷致癌蛋白的 1B12 單株抗體,對有「癌王」之稱的胰臟癌能有效抑制。

4. 馬鈴茄　植物新種

　　幾十年前，中國許多家學術期刊都譯載一則國外的科學新聞，描述當時西德的科學家用細胞融合方法，成功培育了一種動物細胞和植物細胞雜交「牛肉番茄」。新聞說，牛肉番茄的雜交果實是一種盤狀體，這種番茄兼有牛肉和番茄的味道，營養也較全面，因為它的果肉裡含有動物蛋白質，也就是動物蛋白和植物蛋白各占一半，這是多麼美好的果實！

　　這則科學新聞最初於 1983 年 3 月 31 日刊登在國外一家頗有名氣的雜誌上。眾所周知，每年的 4 月 1 日是西方傳統的愚人節；在這一天，按照習慣，人們可以隨便說謊、開玩笑而不用負任何責任，因而新聞的真實性在當時受到了懷疑。我們暫且不管這則新聞的真實性，僅就其中包含的科學道理而言，確實是十分新穎的概念：不同

馬鈴茄是自然界沒有的超級作物

物種的細胞可以相互雜交，從而誕生自然界不曾有的新物種。

這個原理在不同的植物細胞之間早已可以實現了。在日常生活中，我們的飯桌上時常會出現番茄和馬鈴薯的料理；我們也知道，番茄和馬鈴薯彼此的形狀相差很大，一個在地上開花、結出似圓球狀的果實（番茄），一個是在地下生長的塊莖（馬鈴薯）。曾幾何時，它們之間卻誕生了一個奇跡。

1978 年，德國和丹麥的科學家，將番茄和馬鈴薯的體細胞融合在一起，形成了雜交細胞，然後設法將它們培育成了完整植株，結果誕生了一種兼具兩種作物遺傳特性且在自然界從未出現的新型雜交植物「馬鈴茄」。枝頭上開花、結出鮮紅的番茄，地下塊莖卻是馬鈴薯。

馬鈴茄這種兩層樓作物的問世，在生物界引起了轟動。

在自然界中，往往需要經歷數萬年的變異積累，一個物種才能演化成另一個新物種。透過細胞融合方式創造新物種的方式，則大大加快了物種演化的歷程，豐富了自然界的物種多樣性。兩種親緣關係相差較大的植物之間，在自然情況下幾乎不可能透過有性雜交方式形成新物種，這種現象生物學上稱為生殖隔離。它是生物在長期演化過程中所產生，有助於維護物種的相對穩定性；如今人類透過細胞融合的技術，可以打破這種生殖隔離，從而創造變異幅度相對較大的新物種。

1972 年，美國人用粉藍菸草和郎氏菸草的葉肉原生質體融合，

得到了種間體細胞雜交植株，其形狀與有性雜交產生的後代幾乎沒有什麼兩樣。經多次重複實驗，證明實驗結果沒有問題，從而在生物界引起了一場震動。此後許多科學家將研究轉移到了遠親植物之間雜交育種。

透過植物體細胞融合，培育雜交植株的大致過程是：首先選擇兩種親本植物，取其細胞分離出原生質體，再在融合誘導劑的作用下，使兩種原生質體融合，然後篩選並培養雜交細胞，之後會發育出全新的細胞壁，進行細胞分裂和分化，產生癒傷組織，形成體細胞雜交植株。當然，以育種為目的的細胞融合，還要對獲得的雜交植株進行反覆觀察和篩選。

如今，透過體細胞雜交技術獲得新品種植物已經越來越多。繼1978年德國和丹麥科學家成功培育馬鈴茄後，1982年美國先鋒遺傳科學公司的科學家也培育出了馬鈴茄雜交植株，其外觀像馬鈴薯植株，卻具備了番茄抗枯萎病的優良品質。後來，美國加州的科學家也採用細胞融合方法，培育出了抗三氯雜苯的菸草。1986年，日本科學家用紅甘藍和白菜細胞融合，培育成了一種形似白菜味道近於甘藍的新型蔬菜生物「白藍」，它屬於種間體細胞雜交產物，生物白藍具有生長期短、耐熱性強、易於貯存等優點，受到了人們的普遍歡迎。日本北海道大學農學系已將大豆的蛋白質基因轉移到水稻種子中去，培育出「大豆米」；這種大豆米飯，既有大豆的營養，又有稻米填飽肚皮的作用。這種新研製成功的新種營養米，比現在

食用的稻米營養成分更豐富。2011 年，江力等報導茶樹菇與雞腿菇原生質體製備、融合及再生。2012 年，王繼安等報導透過原生質體不對稱融合技術，既可保持大豆的有利基因，又可引入其他作物和植物的部分有利性狀，從而育成優良的大豆新品種。2013 年，蘇集華等報導利用聚乙二醇誘導小麥和山羊草原生質體融合，建立高效的異源融合體形成技術體系，為小麥抗病育種提供中間材料。2015 年，褚潔潔等報導利用雙親滅活原生質體融合技術選育出一種高效發酵啤酒酵母菌株，發酵速度較融合親本提高了 108%，雙乙醯含量降低了 60.7%。同年，王迪等報導以生產 DHA 的裂殖壺菌 B4D1 和黑麴黴 CGMCC 3.316 為出發菌株，利用原生質體融合技術選育可以利用澱粉發酵生產腦黃金（DHA，二十二碳六烯酸）的新型裂殖壺菌。2016 年，侯孝侖等報導透過原生質體融合技術提高茂原鏈黴菌的穀氨醯胺轉氨酶產量。

其他透過體細胞融合技術培育出的有「大豆菸草」、「蠶豆矮牽牛」、「甘蔗高粱」、「胡蘿蔔羊角芹」、「普通菸草黃花菸草」、「蘑菇白菜」、「擬南芥油菜」、「菸草矮牽牛」、「菸草天仙子」「海帶裙帶菜」等遠緣雜交新植物。其中，「普通菸草黃花菸草」、「菸草矮牽牛」、「菸草天仙子」、「海帶裙帶菜」等是中國科學家首先培育出來的。

儘管像馬鈴茄這樣的遠緣雜交植物還存在一些問題（比如：與動物中馬和驢交配後產生的騾不能生育一樣，馬鈴茄由於花粉嚴重

不育，不利繁衍後代；當光照不足時，會導致馬鈴薯和番茄長得都不夠大），在農業上尚無法推廣，但它畢竟是一個令世人讚歎不已的全新物種。從它身上，人們看到了生命科學的巨大潛力。

隨著科學發展，馬鈴茄的大規模繁殖的問題最終一定可以解決，比如，利用植物體細胞複製技術，工廠化快速生產試管苗，也許就是一條達成大量繁殖的途徑。

5. 腫瘤疫苗　攻克癌症

　　癌症是眾所周知的健康的大敵，不少人談癌色變。傳統上，癌症的治療方法有手術、化學治療、放射性治療等，腫瘤疫苗的出現，無疑為人類戰勝癌魔增添了新武器。

　　生物學家發現，腫瘤細胞要能被人體本身的免疫系統識別和殺傷，除了必須有效地提供抗原（細胞表面的一種蛋白質），還必須提供刺激訊號；腫瘤細胞可以透過減少表面抗原分子的數量而逃避人體免疫系統的封殺。由於目前得到明確鑑定的腫瘤抗原很少，利用單一基因轉染產生抗原費時又費力，效率很低，致使腫瘤疫苗的研製十分困難。

　　人體內免疫系統在受到抗原刺激後，會產生樹突狀細胞（白血球的一種），透過樹突狀細胞執行免疫功能，因而樹突狀細胞是人體內特定的免疫哨兵。20 世紀 90 年代初，研究人員在觀察免疫系統攻擊癌細胞時，發明了一種在實驗室裡培育樹突狀細胞的新技術；他們把免疫細胞置於腫瘤抗原中，創造了第一批樹突狀細胞疫苗。初步實驗表明，患有淋巴癌、惡性黑色素瘤和前列腺癌的患者，在接種了預先經過某種已知腫瘤抗原處理過的樹突狀細胞後，都表現出了強烈的抗癌免疫反應，這是令人興奮的研究成果。

　　2000 年初，德國哥廷根大學的亞歷山大·庫格勒及其同事在腫瘤疫苗研究方面取得了重大突破。他們利用微弱的電脈衝，把人體腫瘤

細胞和免疫細胞融合，合成了能夠抗癌的特殊疫苗。對 17 位癌細胞已經擴散的腎臟癌患者注射這種腫瘤疫苗後，驚喜地發現有 7 名患者出現了腫瘤免疫反應。在一般情況下，使用傳統方法治療這類腎臟癌患者，只能保證 10% 的存活率。這無疑給患者帶來了新希望。

庫格勒還研製了一種黑色素瘤融合疫苗，臨床實驗表明，大約有40% 的患者產生了腫瘤免疫反應，這與腎臟癌疫苗的反應比例相近。

另一位致力於腫瘤疫苗研究的科學家庫夫認為，對於腫瘤疫苗的研究，研究人員最關心的是，它是否會導致人體免疫系統攻擊原本的健康組織。值得慶幸的是，到目前為止，無論是接受融合癌症疫苗的動物試驗，還是人體試驗，都沒有發現任何自體免疫的不良反應。此外，德國柏林洪堡大學夏瑞特醫院分別製備了黑色素瘤和腎臟癌的融合瘤苗，臨床實驗證實抗腫瘤效果明顯，並且未見明顯的不良反應。這說明，腫瘤疫苗用於癌症治療時，不僅療效穩定，而且對患者是安全的。

庫夫率領的研究團隊早就希望研製出具有個體特徵的腫瘤疫苗，這種疫苗無需找出具體的癌細胞抗原。1997 年，他們把樹突狀細胞和癌細胞融合在一起；同時在理論上推測，融合後的樹突狀細胞將使人體能對多種腫瘤抗原產生反應，其中包括尚未發現和分離出來的腫瘤細胞抗原。庫夫已開始對乳腺癌患者進行雜交細胞疫苗的接種試驗乳腺癌。庫夫預測，科學家們將尋求方法，使更多癌症患者透過疫苗產生抗癌反應。他說：「有不少研究方案可以使這種方法更具威力。」

　　庫夫的動物試驗獲得成功後，庫格勒立刻率領他的研究團隊對腎臟癌患者進行了類似的疫苗接種，因為當時還沒有分離出腎臟癌細胞抗原，他們把健康人的樹突狀細胞和腫瘤細胞互相融合，希望這種雜交體比由患者自身樹突狀細胞合成的純體更能調動免疫系統的積極性。與此同時，為防止細胞生長失控、產生新的腫瘤，科學家們對雜交細胞進行了放射線照射處理，然後才放心地接種入人體。庫格勒率領的研究團隊，計畫比較腎臟癌疫苗、標準化學治療、刺激免疫化學藥物（如干擾素）等三種治療方法的效果。

　　在中國，腫瘤疫苗是重點發展的生物製品新藥，目前中國已在腫瘤疫苗研製方面居世界先進水準。上海第二軍醫大學發明了一種利用腫瘤細胞與抗原遞呈細胞融合製備腫瘤疫苗的新技術，他們把肝癌細胞和具有很強抗原遞呈能力的啟動 B 細胞融合，製備了一種新型腫瘤疫苗。該融合瘤苗製備工程簡單，除了表達腫瘤細胞原有的多種抗原，還表達 MHC-Ⅰ、MHC-Ⅱ、B7、LFA-1 等多種抗原遞呈相關分子和共刺激分子，能夠產生有效的抗腫瘤免疫。臨床試驗表明，其安全性能夠達到國家標準。這一成果在著名雜誌《科學》發表後，立即引起了國際醫學界的關注。

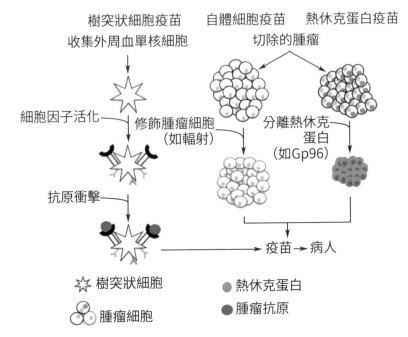

樹突狀細胞疫苗　　自體細胞疫苗　　熱休克蛋白疫苗
收集外周血單核細胞　　　切除的腫瘤

細胞因子活化──　修飾腫瘤細胞　　　分離熱休克
　　　　　　　　（如輻射）　　　　　蛋白
　　　　　　　　　　　　　　　　　（如Gp96）

抗原衝擊──

　　　　　　　　　　　　　　　→　疫苗 → 病人

☆ 樹突狀細胞　　　● 熱休克蛋白
腫瘤細胞　　　● 腫瘤抗原

不同腫瘤疫苗的製備策略
（譯自：Jackson C, et al. Challenges in immunotherapy presented by the
glioblastoma multiforme microenvironment.Clinical and Development
Immunology, 2011, 2011: 732413）

第四章
喜憂參半的
動物複製熱潮

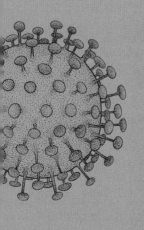

1. 綿羊桃莉　動物明星

在中國經典神話故事《西遊記》中，往往到了緊急關頭，手拿金箍棒能七十二變的孫悟空，會從自己身上拔下幾根毛髮，然後輕輕一吹，變出許多個分身來。雖然是神話，但隨著科技發展，從理論上說也可以實現了。

因為猴子的毛髮是由皮膚發育而來，自然也是由細胞組成，每個細胞裡都含有發育成整隻猴子的全部遺傳訊息。只是當初在胚胎發育過程中，在發育成毛髮的細胞裡，由於各種因子對基因活動的影響，只有與毛髮發育有關的基因合成蛋白質，而其他基因處於關閉狀態。假如設法把這些關閉的基因啟動，毛髮細胞也會像受精卵細胞一樣，可以發育成完整的動物個體。其道理就像從植物葉子上取出一個細胞，經過適當培養後可以長成和原來遺傳性狀完全相同的植株。然而過去很長一段時期，生物界曾經普遍認為，動物細胞一旦出現分化（即發育成特定功能細胞、長成組織或器官）後，全能性就會逐漸喪失。由於這種傳統觀念束縛，絕大多數科學家曾經不敢冒險闖入複製動物這個「科學禁區」。

直到 1996 年 7 月，在英國北部著名的文化古城、蘇格蘭首府愛丁堡，PPL 生物技術公司所屬羅斯林研究所的著名生物學家伊恩·威爾穆特（Ian Wilmut），首次在世界上利用成年動物的乳腺細胞複製出了一隻咩咩叫的小羊羔。出生後，期盼已久的科學家們像對

待自己的親生孩子一樣為它取名「桃莉」（Dolly）—這是一位非常有名的美國歌星名字。之所以這樣取名，科學家們最初大概是希望牠能夠成為動物界的明星，果然不負所望，該複製技術和成果一經發表，立刻引起了全球轟動。小羊桃莉成了動物史上最為耀眼的明星，吸引全世界媒體為之瘋狂。一時間，這隻無父無母的小羊羔可謂出盡了風頭。

Ian Wilmut 與複製羊桃莉
（引自：Philippe Hernigou.Bone transplantation and tissue engineering，part IV . Mesenchymal stem cells : history in orthopedic surgery from Cohnheim and Goujon to the Nobel Prize of Yamanaka.
International Orthopaedics, 2015, 39(4): 807-817 ）

桃莉之所以能夠引起世界範圍的轟動，一個非常重要的原因是概念上的突破。因為在此之前，無論是在中學的生物教科書上還是大學的生物教科書上都表明，已經分化的動物細胞是不可能出現逆轉；即使是研究複製技術多年的科學家也相信這個理論，在複製的時候大家都選用胚胎細胞作實驗材料。桃莉是第一個用成年動物已經分化的乳腺細胞作實驗材料複製成功的動物，這是在理論上的重大突破。

　　綿羊桃莉複製成功的研究報告是 1997 年 2 月 27 日刊出，發表在英國出版的世界著名學術期刊《自然》上。它的誕生，證明了在動物體中執行特定功能、具有特定形態的所謂高度分化的細胞與受精卵細胞一樣，具有發育成完整個體的潛在能力；也就是說，動物的體細胞與植物細胞一樣，同樣具有遺傳全能性，從而一舉打破了傳統觀念的束縛。這是非常難能可貴的突破，也使得這項成果在 1997 年度榮登美國《科學》期刊評選出的世界十大科學發現的榜首。

　　什麼是選殖（又稱作克隆）？簡單地講，選殖就是無性繁殖，譬如：在合適的條件下，一隻大腸桿菌 20 ～ 30 分鐘就可一分為二，誕生出一隻新的大腸桿菌；一根柳樹枝切成 10 段種植在土壤中（園藝上稱作扦插），就可能變成 10 株柳樹；馬鈴薯切成幾塊，每塊落地就能生根長成新的一顆馬鈴薯；黃金葛的枝蔓剪成幾段，每段扦插也能生根成長……這些繁殖方式都是生物依靠自身一分為二或者自身一小部分來繁衍後代，與高等生物的有性繁殖方式截然不同，

是一種無性的繁殖方式。

　　「選殖」一詞的英文為「Clone」，起源于希臘文「Klone」，意思是嫩枝或插條繁殖。根據美國生命倫理顧問委員會解釋，「選殖」一詞是指分子、細胞、植物、動物或人的精確的遺傳複製。歐洲委員會則認為，「選殖」是指生產在遺傳上相同生物的方法。「選殖」是無性繁殖，又不僅僅是無性繁殖，凡是來自一個共同祖先，經過無性繁殖產生出的一群個體，也叫「選殖」。來自一個共同祖先的無性繁殖的後代群體又叫無性繁殖系，簡稱無性系。同一選殖內所有成員的遺傳構成應該是完全相同，例外僅僅見於有基因突變發生時。自然界中早已存在天然植物、動物和微生物的選殖，譬如，同卵雙胞胎實際上就是一種選殖；只是這種天然哺乳動物選殖的發生率極低，成員數量太少（一般為兩個），且缺乏目的性，所以很少能夠供人類利用，於是人們開始探索用人工方法生產高等動物選殖，也就是複製動物。這樣，「選殖」一詞就開始被用作動詞，指人工培育選殖動物這一動作。

　　在自然界中，一些動物在正常情況下都是依靠父方產生的精子（雄性細胞）跟母方產生的卵子（雌性細胞）結合（受精）形成受精卵（合子），再從受精卵經過一系列細胞分裂漸漸發育為胚胎，最後形成新的個體；像這種依靠父母雙方提供性細胞，經過兩性細胞融合後產生下一代的繁殖方式稱為有性繁殖。然而，假如我們用外科手術將一個胚胎切割成兩塊、四塊、八塊、十六塊……透過特

殊方法使一個胚胎長成兩個、四個、八個、十六個……生物體，這些生物體就是選殖個體。這兩個、四個、八個、十六個……個體就叫做無性繁殖系。

複製羊桃莉又是怎樣誕生的呢？Ian Wilmut 等科學家先給一隻黑臉的蘇格蘭羊注射一種激素—促性腺激素，促使它排卵，得到卵後立即用極細的吸管從卵細胞中取出細胞核，同時從懷孕三個月的芬多斯 6 歲母羊的乳腺細胞中也取出細胞核，立即送入取走核的卵細胞中，手術完成後，用相同頻率的電脈衝刺激換核後的卵細胞，讓黑臉蘇格蘭羊的卵細胞質與芬多斯母羊乳腺細胞的細胞核相互協調適應，讓這個人工操作的細胞在試管裡像受精卵那樣進行分裂、發育並最終形成胚胎，再將這個胚胎移植到另一隻被選為代理母親的母羊的子宮裡。移植後，胚胎發育順利，1996 年 7 月，代理母親產下小綿羊桃莉。桃莉不是由母羊的卵細胞和公羊的精細胞受精的產物，而是換細胞核的卵一步步發育而來，所以是複製羊，跟正常公羊母羊交配後生下的小羊不同。

桃莉羊的複製過程看似簡單，其實操作起來非常複雜。僅僅為了成功地進行細胞核的移植，就重複了 277 次之多，占移核卵總數的 63.8%。在培養這寶貴的移核卵時，大約只有 1/10（29 個）有活力，能夠生長到胚胎發育的桑葚期或囊胚期。當把這 29 個早期綿羊胚分別移植到 13 隻選為代理母親的綿羊子宮後，卻僅產下一小羊羔「桃莉」。可見其成功率極低，說明當時複製動物的實驗十

分艱難，選殖技術也不夠成熟。

採用細胞核移植技術複製動物的設想，最初是由漢斯·施佩曼在 1938 年提出的，他稱之為「奇異的實驗」，即從發育到後期的胚胎（成熟或未成熟的胚胎均可）中取出細胞核，將其移植到一個卵子中。桃莉羊的複製也是採用這一思路。

從 1952 年起，科學家們首先採用青蛙展開細胞核移植複製實驗，先後獲得了蝌蚪和成體蛙。1963 年，中國著名科學家童第周教授領導的研究團隊，首先以金魚等為實驗材料，研究了魚類胚胎細胞核移植技術並獲得成功。哺乳動物胚胎細胞核移植研究的最初成果在 1981 年取得—卡爾·伊爾門澤和彼得·霍佩用鼠胚胎細胞培育出發育正常的小鼠。1984 年，施特恩·維拉德森用取自羊的未成熟胚胎細胞成功複製出一隻羊，其他人後來利用豬、牛、山羊、兔、獼猴等各種動物對他採用的實驗方法進行了重複驗證。1989 年，維拉德森獲得連續移核二代的複製牛；1994 年，尼爾·菲爾斯特用發育到至少有 120 個細胞的晚期胚胎獲得複製牛；1995 年，在主要的哺乳動物中，胚胎細胞核移植都獲得成功，包括冷凍和體外生產的胚胎，對胚胎幹細胞或成體幹細胞的核移植實驗，也都進行了嘗試。遺憾的是，到 1995 年為止，成體動物已分化細胞核移植一直未能成功，桃莉羊是動物複製史上里程碑性的先例，所以意義不同尋常。

多年後，當年動物史上上鏡率最高的明星桃莉當了母親。繼

1999 年 4 月 13 日首次生下母羊羔邦尼後，2000 年 3 月 24 日又生下兩雄一雌三隻小羊羔。分娩後，桃莉母子生活在英國愛丁堡羅斯林研究所農場一處擁有紅外線取暖設備的特殊圍欄中。牠們健康狀況良好，小羊羔也能夠正常吃奶，說明桃莉儘管身份特殊，但完全具備當母親的資格。據資料介紹，桃莉新生的 3 個孩子與其姐姐「邦尼」擁有共同的父親——一頭名為「大衛」的普通威爾斯公山羊。之後，桃莉又生了 3 個孩子。

2003 年 2 月，獸醫檢查發現桃莉患有嚴重肺炎，這種病由於是綿羊的不治之症，研究人員對牠實施了安樂死。據羅斯林研究所透露，在被確診之前，桃莉已經不停地咳嗽了一個星期。桃莉的屍體被製成動物標本，存放在蘇格蘭國家博物館，作為 20 世紀科技的象徵。

2008 年 9 月，伊恩·威爾穆特教授與桃莉羊的共同締造者坎貝爾博士和發明誘導性富潛能幹細胞（iPS cell）的日本京都大學教授山中伸彌共同獲得被譽為「東方諾貝爾獎」的邵逸夫生命科學與醫學獎。令人遺憾的是，伊恩·威爾穆特最終錯失 2012 年諾貝爾獎，讓很多人感到意外。

複製羊桃莉的誕生，既證明了動物體細胞的遺傳全能性，也揭開了人類競相以體細胞複製動物尤其是哺乳動物的新篇章，是生物學史上的一件大事。

2. 複製家族　人丁興旺

　　自從複製羊桃莉誕生以後，生物複製一直十分熱門，致使被人類複製的動物無論是種類還是數量都越來越多了。1997 年 3 月，即桃莉誕生後僅僅幾個月，美國、臺灣和澳大利亞的科學家們陸續發表了複製猴子、複製豬和複製牛成功的消息。但他們都是採用胚胎細胞進行複製，其意義自然不能與複製羊桃莉相比。同年 7 月 9 日，愛丁堡羅斯林研究所的科學家們又成功培育出複製綿羊波莉（Polly），再次在全球範圍內引起了轟動。與複製羊桃莉不同的是，複製羊波莉的細胞裡攜帶著一種人類基因，它可以生產價值昂貴的蛋白藥物。

　　據美國出版的權威學術期刊《科學》介紹，綿羊波莉的複製過程如下：首先取出胚胎的一部分成纖維細胞，暴露在含有人類基因和標誌基因的 DNA 溶液裡，使外源基因進入到胚胎細胞，再作培養、檢測，看看哪些胚胎細胞裡有外源基因，然後取含有這種基因的細胞核進行核移植，移植到去掉細胞核的卵細胞裡，透過電脈衝使細胞融合，讓它發育成胚胎後，接著移植到作為代理母親的綿羊子宮裡，這樣生出來的小羊就可能帶有外源性基因。

　　1998 年 7 月，美國夏威夷大學 Wakayama 等報導，由小鼠卵丘細胞成功複製了 27 隻小鼠，並且其中 7 隻是複製小鼠再次複製的「後代」。他們採用了與桃莉不同、新的、相對簡單的且

成功率較高的複製技術，這一技術以該大學所在地而命名為「檀香山技術」。

複製綿羊「桃莉」誕生幾年後，複製牛「艾米」（Amy）也呱呱落地了。牠的主人是著名美籍華裔科學家楊向中教授。楊向中教授 1983 年到康奈爾大學動物轉基因中心工作後，一直做動物複製方面的研究，早期是用胚胎技術進行複製，1997 年以後轉向了以成年動物體細胞進行複製，做出令人矚目的成績，被譽為「世界複製牛之父」。

據報導，複製牛艾米是 1999 年 6 月誕生的。與複製羊桃莉相比，複製牛艾米在技術上又有了重大突破。在艾米出現之前，科學家們都是用乳腺的上皮細胞、卵巢的顆粒細胞或者是輸卵管細胞來進行動物複製，這些細胞都與生殖細胞有關。複製牛艾米用的卻是與生殖系統沒有絲毫關係的牛耳皮膚細胞。這其實也是一種概念的突破，就像複製綿羊桃莉是首次使用成年動物的體細胞來進行複製一樣。在技術上，複製牛艾米與複製綿羊桃莉雖是大同小異，但仍有很大的改進，這種改進使複製效率大為提高；同時說明，動物身上任何一個細胞都應該含有同樣的遺傳訊息。2002 年 4 月 16 日，複製牛「艾米」產下一頭重約 47 千斤的健康公牛犢，命名為「Finally」。

複製生物實際上並非新課題，從 1905 年起就一直有人在做，這期間發展曲折，幾經反覆，終於在複製出桃莉羊後才引起了全世

界關注。其實，複製牛艾米也不是楊向中教授第一個複製動物，在此之前，他曾與日本科學家合作，成功複製了多頭牛犢。

據報導，神高福是日本一頭非常著名的公牛，當時神高福已是 17 歲的老牛（相當於人類的 80～90 歲）。早在 1997 年 12 月，楊向中教授和他的日本籍博士生窪田力取下一些神高福的耳皮細胞，在體外培養若干代後，進行細胞核移植實驗。到了 1998 年 12 月，他們終於用培養 2 個月的神高福的耳皮細胞複製出 4 頭小牛犢，其中有 2 頭存活下來。1999 年 2 月，他們又用培養 3 個月的細胞，複製出兩頭小牛犢，均健康地存活下來。這四頭健在的小公牛分別被命名為神高福一郎、二郎、三郎、四郎，牠們的英文名分別是 Tommy、Andy、Timothy 和 Anthony（來自 TATA，這是啟動 DNA 轉錄的化學分子訊號）。按照出生日期算，這一批複製公牛可能是世界上最早成功複製的雄性動物了。

楊向中教授和其他人共同發表的論文刊登在 2000 年 1 月 4 日出版的《美國科學院文集》裡，他們的研究成果被認為是生物選殖研究的一項重大突破。

此後美國、法國、荷蘭和韓國等國科學家也相繼利用體細胞成功複製了牛。至 1999 年底，全世界已有 6 種體細胞的複製後代成功誕生，這 6 種細胞分別是：胎兒成纖維細胞、乳腺細胞、卵丘細胞、輸卵管／子宮上皮細胞、肌肉細胞和耳部皮膚細胞的體細胞。

在不同物種間進行的細胞核移植實驗也取得了一些可喜成績，

1998年1月，美國科學家們以牛的卵子為受體，成功複製出豬、牛、羊、鼠和獼猴五種哺乳動物的胚胎，這一研究結果表明，某個物種的未受精卵可同來自多種動物的成熟細胞核相結合。雖然這些胚胎都流產了，但它對異種複製的可能性做了有益的嘗試。1999年，美國科學家用牛卵子複製出珍稀動物盤羊的胚胎；中國科學家也用兔卵子複製了瀕危動物大熊貓的早期胚胎，這些成果有可能成為保護和拯救瀕危野生動物的新途徑。

用於器官移植的複製豬終於來到了世上。2000年3月14日，英國PPL生物技術公司宣佈，成功複製了5頭小豬，與以往不同的是，這次複製前科學家們對豬的基因進行了修改，因此這些複製豬的器官可用於人體移植，在醫學上具有重要意義。由於豬是多產動物，牠們的體內必須有數個存活的胚胎才能維持正常妊娠，而羊和牛就不一樣了，僅有一胎就行，所以複製豬比複製羊和複製牛的難度更大。本來超聲波掃描時僅發現了4枚胚胎，出生時卻是5頭小豬，無疑是一份意外的驚喜。隨後，PPL生物技術公司對複製豬進行了臨床醫學試驗。

2000年10月，在日本也誕生了一頭複製小豬，名叫「森那」。日本研究人員利用類似于細針般的小管，以微注射手法，把經過特殊處理的多達100多個黑豬的胚胎移植到了4隻母豬體內，最後，只有「森那」存活，真可謂百裡挑一。微注射技術可精確地選擇轉移特定的基因物質，甚至可以把某些染色體分隔開來，並避免實驗

目標被複製對象的細胞核或基因物質所污染。

2000 年 12 月，早已鼎鼎有名的愛丁堡羅斯林研究所與美國生物技術公司（Viragen）合作，歷時兩年多，複製出了一種基因改造過的母雞，並給其中一隻取名「布蘭妮」（Britney）。這種複製雞可用來生產抗癌藥物。據英國《星期天郵報》介紹，只需改變母雞體內一個細胞核裡的基因，母雞產下的蛋便會含有大量特定的蛋白質。研究人員就是透過修改單一細胞核裡的基因物質，培育出這種基因改造的母雞。母雞產下的蛋中含有很多研究人員所需要的蛋白質。每隻複製雞一年可產下 250 顆蛋，每顆蛋最少含 100 毫克能用來製造抗癌藥的蛋白質，並且很容易提煉出來。過去這種蛋白質只能在實驗室內生產，就算只是小量生產，也非常困難，且成本很高。這阻礙了治療各種疾病包括乳腺癌和卵巢癌的新藥的發展，這種來自複製雞的新一代抗癌藥，臨床應用前景廣闊。

與此同時，複製牛也正向著實用化方向邁進。2000 年 7 月，日本石川縣畜產綜合中心一頭雌性體細胞複製牛產下一頭小牛，再次證明體細胞複製牛具備正常的生育能力。據石川縣農林水產部門提供的資料顯示，這頭小牛是雌性，由縣畜產綜合中心的體細胞複製牛「加賀 2 號」以自然分娩形式生出，體重為 26.5 公斤，體長 53 公分，出生 10 分鐘後即站立起來，然後自己去吃母乳。石川縣畜產綜合中心是世界上第一個採用體細胞選殖技術來複製牛的農業研究機構。「加賀 2 號」是該中心的第二頭體細胞的複製牛，誕生

於 1998 年 8 月 8 日。1999 年 9 月 30 日該中心研究人員使用一般種牛（黑毛日本牛）的冷凍精液，透過人工授精方式使牠妊娠，在預定分娩日產下了可愛的小牛犢。該中心負責人稱，雌性複製牛產下小牛犢，這在世界上還是首例，表明雌性體細胞的複製牛具有正常的生育能力。另外，2000 年 1 月下旬，鹿兒島縣食用牛改良研究所使用體細胞複製牛的體細胞（耳細胞）複製新的下一代，即所謂的「再複製牛」。說明牛隻的複製技術已日臻成熟。

靈長類動物也出現在複製動物的大家族中。2000 年 1 月 14 日出版的美國《科學》期刊報導，美國科學家成功利用無性繁殖技術複製出一隻小猴，此消息一經發佈，立刻引起了社會各界和科學界的極大關注。據美國有線新聞電視透露，一組科學家在幾年前就開始研究複製技術，並在一年多前計畫複製猴子，在屢屢失敗之後，他們終於獲得了成功。他們將這隻複製猴取名為「泰特拉」（Tetra），是一隻雌性恆河短尾猴。

複製猴泰特拉是在美國比弗頓的俄勒岡地區靈長類動物研究中心沙頓實驗室誕生，科學家們還向媒體提供了一張其 4 個月大時的照片。據介紹，該實驗室採用了一種新型複製方法，即胚胎分割法。當胚胎細胞分裂至 8 細胞時，將其分割成 4 個部分，然後分別培養，最終培育出 4 個完全相同的新個體。

由於猴子屬於靈長目，也是最接近人類的動物，這一研究成果意味著複製技術的一大進步，實際上標誌著，複製出人類並沒有技

術上的障礙。

2000 年 11 月 15 日，中、法兩國的研究人員共同精心培育了一頭體細胞複製牛，採用了中國科學家發明的注射移核技術，是世界上第一頭利用成年母牛的耳部細胞以及和複製羊桃莉的技術不同的體細胞複製牛。小牛為雌性，出生體重為 51 公斤，各項健康指標正常。參與研究的中國科學院發育生物學研究所周琪教授介紹，用注射移核的辦法，而不是複製桃莉羊的電融合方法可以將導入外源遺傳物質的過程由兩步簡化為一步，不但能縮短生產週期，提高複製效率，而且有可能控制複製胚胎的活化時間及調整其細胞週期。在此之前的非電融合技術嘗試都以失敗告終。早在 1999 年，中、法兩國科學家就利用中國科學家發明的小鼠胚胎顯微操作損傷切除術和法國研究人員所掌握的分子生物學技術，成功培育了世界第一隻成年體細胞複製鼠。

1999 年 12 月 24 日，中國河北農業大學與中國山東農業科學院生物技術研究中心合作，在濟南成功複製了兔子。兩隻複製的小白兔被命名為「魯星」和「魯月」，成長狀況都很良好。

這項實驗屬於胚胎複製，在技術上尚未達到體細胞複製羊桃莉的水準，但這為中國動物複製的技術的進步奠定基礎，同時，為動物育種方面提供了有效方法，可以實現胚胎的「工廠化」生產和基因的最優組合。

1999 年 10 月 15 日，江蘇揚州誕生中國首隻轉基因山羊體細

胞的複製羊，這是中國科學院發育生物所與揚州大學合作完成。這隻複製羊是白色的，重 16.5 公斤，心、肝、肺等主要官器均為正常，在羊群中很活躍。這隻複製羊在科學研究上意義非同尋常，由於這隻羊導入了藥物基因，成了一座活的「動物製藥工廠」。這是將人們需要的藥物基因植入動物的受精卵裡，隨著受精卵分裂，植入的基因也跟著細胞裡的染色體一起倍增，還能夠穩定地遺傳到下一代，這種攜帶有藥物基因的動物被稱為轉基因動物。在實驗過程中，科學家們還發明了一種新型的製備技術。這種製備技術採用普通山羊的細胞，把所需基因注入細胞當中；在確定細胞的確攜帶此種基因後，就可以把體細胞核移植到其他山羊體內，這樣出生的山羊也是轉基因羊，其成功率甚至超過桃莉羊的複製方式。將這種轉基因山羊在短期內擴展成一個群體，後者甚至可以無限擴展。在當地政府的推動下，中國江蘇省轉基因動物製藥中心在揚州大學掛牌，專家們正推動該項成果向生物製藥的產業化方向發展。

複製山羊的研究也在中國西安進行著。體細胞複製山羊研究是中國國家自然科學基金重點專案和農業部重點專案，由中國西北農林科技大學生物工程研究所所長張湧教授主持。2000 年 1 月 16 日，研究人員將體外培育成的細胞胚和囊胚移植給一隻關中奶山羊，幾個月後生下了複製山羊元元。1 月 26 日，研究人員又將細胞胚和囊胚移植給西北農林科技大學一隻莎能奶山羊，於是這隻受體山羊產下了複製山羊陽陽。「元元」和「陽陽」都是雌性，取自同一隻

青山羊的體細胞，所以姐妹倆長得一模一樣。

編按：2001 年 9 月 1 日臺灣首隻以卵丘細胞製作誕生之體細胞複製
　　　牛「畜寶」誕生。2002 年 4 月 15 日，研究多時的複製豬誕生了，
　　　取名為「酷比」，此研究成果達成了兩項世界第一：牠是世界
　　　首例以高齡母豬耳朵皮膚細胞作為供核源的複製豬，也是全球
　　　第一例雙基因轉殖複製豬。2002 年 7 月 5 日行政院農委會畜
　　　產試驗所利用羊的耳朵細胞為供核源，成功複製出兩隻世界首
　　　例的阿爾拜因乳羊，分別取名為「寶吉」、「寶祥」。同年成
　　　功複製出「寶鈺」，其基因組還加入供治療人類 A 型血友病用

複製山羊「陽陽」

的「第八凝血因子」外源基因。「寶鈺」於 2005 年成功繁殖下一代，並將人類第八凝血因子成功遺傳給下一代「寶貝」，此研究對治療血友病具有重大意義。

3. 複製動物　存在缺陷

　　對於複製動物，人們普遍關心的一個問題是，複製動物是否和有父母的正常動物具有同樣的生理功能呢？據成功培育出世界上第一隻體細胞複製羊桃莉的蘇格蘭科學家說，桃莉綿羊幾歲時就出現了明顯的早衰症狀。未老先衰成了某些選殖動物的缺陷之一。

　　一般綿羊能活 12 年左右，而複製羊桃莉僅活了 6 年，壽命只有正常綿羊的一半。牠的早亡引起了人們對複製動物是否會早衰的擔憂。如何計算複製動物的年齡？是從 0 歲開始計算，還是從被複製動物的年齡累積計算，或者是從二者之間的某個年齡開始計算，是值得深入研究的課題。就複製羊桃莉而言，牠出生時究竟是 6 歲還是 0 歲，或者是二者之間的某個歲數，尚沒有定論。2003 年 2 月 14 日，正值壯年的複製羊桃莉死於肺部感染，其實，肺部感染是一種老年綿羊的常見疾病；據 Ian Wilmut 透露，桃莉綿羊還被查出患有關節炎，這也是一種老年綿羊的常見疾病。

　　真核細胞粒線體的染色體末端構造被稱為端粒，它決定著細胞能夠分裂的次數。每一次細胞分裂，端粒都會縮短；當端粒耗盡後，細胞就失去了分裂能力。科學家早在 1998 年就發現，複製羊桃莉的細胞端粒比正常的要短，就是說，細胞處於更衰老的狀態。這就意味著，複製羊桃莉的壽命可能會比正常綿羊短，還可能比其他綿羊更易感染疾病或罹患癌症。當時認為，這可能是由於用成年綿羊

的體細胞選殖桃莉造成，這種細胞帶有成年細胞的性質，但這一解釋受到了複製牛研究成果的挑戰。

來自美國麻塞諸塞州的羅伯特·蘭紮等用牛的衰老細胞培育複製牛，共得到 6 頭小牛犢。可當小牛長到 5 ～ 10 月齡後，發現這些牛的染色體端粒比普通同齡小牛的要長，個別的甚至比普通新生小牛的染色體端粒還要長。這與複製羊桃莉的情況截然不同。目前，科學家也無法合理解釋這一現象；不過，該實驗提出了一種可能，就是複製過程可能會改變成熟細胞的分子鐘，使其返老還童。然而在另一些情況下，複製牛的命運就令人遺憾了。在日本，一些精心培育的複製牛出生還不到 2 個月就已死去，截至 2000 年 2 月份，全日本共有 121 頭體細胞複製牛誕生，而存活的僅有 64 頭。

科學研究表明，部分複製牛的胎盤功能不完善，血液的含氧量和生長因子的濃度偏低；有些複製牛的胸腺、脾和淋巴腺沒有正常發育；複製動物的胎兒普遍比普通動物發育快，這些都是死亡的可能原因。

法國的複製牛也有類似問題。2000 年 5 月 14 日，在第 20 屆生物學發展研討會上，法國國家農業研究院的科學家透露，採用類似桃莉綿羊的方式複製的牛，在生長發育過程中出現了體型巨大或畸形綜合症。

1999 年，據著名的英國《刺胳針》雜誌報導，法國國家農業研究院透過複製方式培育的一頭牛，出生後僅 51 天就因嚴重貧血

而死亡。當時,只有 14 頭複製牛生長正常,其他 150 頭或在胚胎孕育階段發生流產,或在出生後很快死亡。研究結果表明,綜合症中最主要的表現是胎兒巨大,牠們的非正常發育致使懷孕母牛食欲不振,科學家們不得不採取措施讓母牛流產或屠宰母牛。有幸降生的複製小牛,許多很快死於心臟異常、尿毒症或伴隨不能進食的呼吸困難。這並非偶然,世界上其他一些類似實驗結果也是這樣,複製牛的死亡率達到了 70%。

中國的複製山羊也存在同樣的問題。據中國西北農林科技大學生物工程研究所透露,2000 年 6 月 16 日降生於該校種養場的成年體細胞複製山羊元元,由於肺部發育缺陷,呼吸困難,導致呼吸衰竭而死亡。中國西北農林科技大學負責複製山羊專案研究的張湧教授回憶說,元元降生後不久,研究人員就對牠的身體狀況進行了詳細檢查,發現與普通羊羔相比,元元呼吸有點困難,當時判斷可能是由於肺部發育不正常所致,並對元元進行了封閉觀察。一天凌晨,元元終因呼吸衰竭而死亡,僅僅活了 36 小時;無獨有偶,中國揚州大學複製的轉基因山羊也出現過夭折。

編按:全球知名的複製動物專家楊向中教授對複製動物早夭的原因有
　　　相當深入的研究,他表示早夭複製牛羊的重要器官在基因的表
　　　現上十分紊亂,顯見在其胚胎時期的 DNA 重設並不完全,造
　　　成染色體無法正常表現。如臺灣複製牛「畜寶(1~3 號)」皆
　　　在誕生後六日內死亡。

這些似乎表明，複製動物的短命現象絕非偶然，當中除了複製技術不夠完善之外，可能也有體細胞複製與胚胎發育具有本質上不同的地方，否則哺乳動物在長期演化過程中，也不會選擇有性生殖方式繁殖後代，而無性的複製繁殖沒有成為高等動物傳宗接代的方式，可能本身就有其缺陷。

有人預言，複製技術在商業上確實有很大用途，譬如，複製最優秀的賽馬或者寵物狗。然而，隨著複製技術的發展，科學家們越來越懷疑複製動物所具有的這種拷貝能力了。

英國愛丁堡羅斯林研究所複製了 4 隻綿羊，牠們長大後，體貌特徵和行為習慣方面卻有著明顯的差異。假如複製技術能夠達到理論上的效果，這隻公羊應該像從一個模子裡出來的一樣，參與複製這 4 隻公羊的坎貝爾教授說，牠們看起來確有相似之處，因為同一品種的綿羊總會有幾分相像，但是你絕不會想到牠們是基因相同的複製動物。而且隨著年齡增長，四隻羊之間的差異會越來越大。

有科學家分析，出現這種差別的原因，可能是用來複製這 4 隻公羊的 4 個細胞核被放入了從不同母羊體內提取的卵細胞中。雖然每個卵細胞都被除去了細胞核，但是細胞質裡有粒線體，粒線體裡含有少量 DNA，其數量相當於細胞核中 DNA 總量的 3% 左右；粒線體 DNA 會與細胞核 DNA 發生相互作用，影響基因的活性和胚胎的發育過程。由於卵細胞來源不同，發生相互作用的方式會略有不同，從而導致了複製出來的動物在成年後表現出個體差異；這種差

異決定著胚胎的存活能力和發育能力，還有可能決定著公羊成年後的體貌特徵。

也有科學家指出，基因突變也會使複製動物表現出個體差異。基因突變是指細胞在分裂增殖時未能原封不動地自我複製；假若這種基因突變發生在胚胎發育時期，就有可能會影響所有在基因突變後分裂出來的細胞，使成年動物的外貌特徵發生輕微改變。

細胞裡基因的表達也受環境因素的影響。研究表明，控制動物生長發育或行為習慣的基因受一些「開關系統」的調控，這些基因會在適當的時候自行開啟或關閉。就人類而言，雖然這些開關可以控制生長發育或青春期的開始，但它們自身要受環境因素影響，而基因相同的複製動物所處的環境條件可能有所不同。

英國愛丁堡羅斯林研究所的科學家認為，他們的研究成果表明，利用創造了桃莉羊的技術使已經死去的人或動物復活是不可能的。坎貝爾教授說，唯一真正的複製是一模一樣的雙胞胎，而且真正瞭解雙胞胎的人都知道，即使是雙胞胎也會有不同的特徵和個性。

人們應該正確地認識複製技術，摒棄科幻小說給人們留下的那種錯誤印象，即複製動物或人類能夠做到和原本個體分毫不差的複製。

除了複製動物本身固有的生理或免疫方面的缺陷，無論理論還是方法，複製技術都還尚未成熟；還有許多理論上的問題人類還沒弄明白，譬如：分化的體細胞核內所有或大部分基因已經關閉，

它是怎樣重新恢復細胞的全能性；複製動物是否會記住原先個體的細胞年齡；複製動物的連續後代是否會累積突變基因；細胞質粒線體在選殖過程中發揮著怎樣的遺傳作用。在方法上，複製動物的成功率還很低，維爾穆特研究人員在培育桃莉的實驗中，一共融合了277 枚移植核的卵細胞，才獲得了桃莉這一隻存活羊，成功率僅有0.36%。與此同時，胎兒成纖維細胞和胚胎細胞的複製成功率也分別只有 1.7% 和 1.1%；即使「檀香山技術」，以分化程度較低的卵丘細胞為核供體，成功率也僅有百分之幾。

動物複製技術本身固有的缺陷表明，人類對生物遺傳還需要更深入的探索。生物是自然界中最為複雜的物質存在形式，生物的奇妙之處就在於既能遺傳又能變異。所謂遺傳，就是「種瓜得瓜，種豆得豆」，正是由於遺傳，物種才能持續存在；所謂變異，就是「一母生九子，子子各不同」，生物要演化、發展，這就需要變異。只有這樣，才能保證物種不會衰退，不會被大自然淘汰。

即使是複製動物，也不能改變生物遺傳變異的自然規律，人類只有去認識和遵循。

4. 大膽邪教　複製人類

　　自從複製羊桃莉在英國愛丁堡羅斯林研究所誕生以來，人類就已經具備了複製人類的技術。複製人已不再是科幻故事，而是實實在在地來到了實驗室裡；由於選殖人類比動物更具有挑戰性，儘管世界各地要求禁止複製人的呼聲不斷湧現，一些研究人員仍然不惜鋌而走險。

　　1998年初，媒體紛紛報導了發生在美國的複製人事件；根據華健在《國外科技動態》發表的文章，提出每年要複製500個人的科學家叫 Richard Seed，時年69歲。他本是美國哈佛大學一位物理學博士，但多年從事生物學研究工作。或許是他感到自己年事已高，在事業上一直默默無聞，欲借複製人研究一舉成名。1998年1月份，他連續發表談話或舉行正式的新聞發佈會，拋出了龐大的複製人計畫，聲稱複製人只不過是人類生育的另一項先進技術；他想把自己的細胞核與捐獻者的卵細胞結合發育成胚胎，再將胚胎植入他妻子洛麗亞的子宮，以期最終生下他的複製品。但這個複製人計畫一經各國媒體曝光，便立馬引來大量反對，促使各國政府紛紛明令禁止複製人類。

　　此後不久，一些有邪教組織背景的科學家，在大漠深處悄悄展開了神秘而又令人生畏的複製人實驗。

　　事情是怎樣被發現的呢？2000年11月5日，英國《星期日泰晤士報》、《每日鏡報》和美國《內華達晨訊》以顯著標題刊出

大漠深處，秘密實驗室緊鑼密鼓複製人「選殖」。並且警告，假如國際社會不聯合採取緊急措施的話，世界上第一個複製人極有可能在 2001 年年底誕生！繼希德複製人事件後，這一報導無疑又一次震驚了國際醫學界、科學界和相關國家的政府。

據這些報紙報導：在美國西南部的內華達州，有一片茫茫大漠，大漠深處是一片神秘的無名綠洲，只有一條孤零零的簡易公路與綠洲相通。這片偏遠的綠洲就是「克羅耐德公司」的秘密實驗室。

克羅耐德公司的幕後操縱者就是西方國家公認的臭名昭彰的邪教組織—「雷爾運動」。對於美國人和加拿大人來說，或多或少都知道「雷爾運動」這個邪教組織。他們堅信地球人類源於外星人，在 85 個國家發展了 5 萬名成員，是一個不小的組織。

這個邪教組織的創始人是克勞德·沃裡霍恩，他曾經是法國一名體育記者，宣稱自 1973 年與外星人接觸後得到所謂的真傳，此後就從法國遷居到加拿大的魁北克，並改名為雷爾，成立了以自己姓名命名的邪教組織。這個邪教組織在巴哈馬註冊成立克羅耐德公司的目的非常明確，就是要培育複製人。

當然，他們進行複製人實驗並非出於科學研究目的，而是由於這個邪教組織堅信，地球人都是一群外星科學家從另一顆星球複製來的，之所以要複製人類就是要證明他們的「理論」正確。他們還想成立一個「大使團」，以便迎接來地球的外星人。

這事說起來有些荒唐，「雷爾運動」卻不是開玩笑的。在剛剛

組建時，克羅耐德公司就網羅了一些熱衷於複製人的狂熱科學家，其中布麗吉特·布瓦舍裡耶就是負責人，是一位著名的生物化學家。

時年 44 歲的布麗吉特出生地是法國，曾經在巴黎市郊外的因賽德商學院與英國保守黨領袖哈格一起學習，只是後來改學生物學，還成了一名頗有建樹的科學家。她毫不避諱自己是「雷爾運動」邪教組織的科學主任。考慮到選殖桃莉羊時的技術難度，她十分慎重地對待複製人研究，她坦率地對記者說，「桃莉」是 277 個胚胎中唯一倖存的一個，她完全能夠想像到，複製人失敗率會非常高，但是她仍然神秘地對記者說，她及她領導的 4 人研究團隊，研究出一種改善細胞繁殖的新方法；她相信這種方法能夠有效地提高複製人類的成功率。

克羅耐德公司的秘密實驗室還透露，最初支持這項複製人研究的是一對女嬰夭折的父母，這對夫婦已為複製人實驗投入 30 萬美元，唯一的夢想是讓夭折的愛女「死而復生」；還有 5 對英國夫婦，其中包括兩對同性戀男子，也自願排隊加入被複製的行列。儘管秘密實驗室對這些人的具體資訊嚴格保密，但是仍有人猜測到他們中一些人的真實身份，其中就有英國高級電腦顧問彼得以及伊迪科·布萊克伯恩夫婦；後者多年來一直嘗試人工受孕，但沒有成功。自從複製人議題曝光後，他們夫婦立刻成為英國頭號複製人擁護者；至於他們是否真的參加了克羅耐德公司的複製人實驗呢？對此，他們三緘其口。

當時，樂意為世界上第一個複製嬰兒懷孕的「志願媽媽」超過

了 50 人，這其中就包括秘密實驗室女負責人的大女兒、時年 22 歲芳齡的瑪麗婭·科寇里奧斯。她說，她是自願報名參加複製人研究，她母親並沒有強迫她。

「雷爾運動」的複製人計畫曝光後，引起了國際社會高度關注。美國、加拿大、法國、英國政府向有關部門施加重壓，對這個邪教組織的複製人計畫進行打擊。

英國政府立法禁止複製人；法國政府把「雷爾運動」視為非法邪教組織，聲明該組織任何成員不得在法國境內從事任何非法活動；加拿大政府也在積極研究打擊「雷爾運動」邪教組織的對策。

美國食品藥品管理局密切關注「雷爾運動」的複製人計畫。美國民眾特別是拉斯維加斯人對「雷爾運動」展開的複製人的計畫非常憤怒。哈裡·雷伊德是美國內華達州民主黨參議員，他收到了數千封反對「雷爾運動」複製人的抗議信。

聲稱複製人成功的義大利醫生
Severino Antinori
（引自：兆豐. 第一個複製人即將出世.
少年科技博覽, 2002, 8: 12-13）

　　各國科學家們也對邪教組織複製人的做法紛紛表示憤怒。創造出複製羊桃莉的英國科學家伊恩·威爾穆特說，複製人類完全是一種犯罪行為；美國洛克菲勒大學首席選殖專家托尼·佩里說，進行複製人實驗是有違道德。

　　雖然有的科學家對「雷爾運動」邪教組織從事複製人研究的可能性表示懷疑，但是大多數科學家相信，由於有權威生物學家參與，複製人的誕生只是時間問題。

　　「雷爾運動」邪教組織最終有沒有成功複製出人類不得而知，但據法新社 2009 年 3 月 3 日報導，有「複製瘋子」之稱的義大利著名婦科醫生 Severino Antinori 成功「製造」了 3 名複製人，生活在東歐。Severino Antinori 在 2009 年 3 月 4 日接受媒體採訪時說，我運用人類複製技術幫助生育了 3 名嬰兒（2 名男孩和 1 名女孩），如今已有 9 歲。他們健康出生，如今也生活得非常健康。1994 年，Severino Antinori 曾讓一名已絕經的 63 歲老婦懷孕，從此聲名鵲起。

　　值得一提的是，複製人技術本身並沒有錯。對有些人來說，複製一位與他們死去的親人一模一樣的人，從情理上是可以理解的，除此以外，複製技術本身還能使我們得到十分稀缺的人體器官，為需要器官移植的患者帶來福音，並且讓人類瞭解基因以及基因環境對病理的影響；但如果先進的複製技術落在可怕的邪教組織手裡，結果會是災難性的。在這一點上，世界各國的認知是一致的。

5. 複製人類　為何禁止

複製動物技術的發明確實給人類帶來了實際利益：它可以挽救瀕危珍惜的動物物種，也能夠大量培養遺傳性完全相同的純種動物，從而擴大優良動物品種的繁殖力；科學家們可以把珍稀的藥物基因轉入複製生物，讓其成為「製藥工廠」，以大量生產藥物；複製的轉基因豬還可以用於器官移植，以緩解目前移植器官供應緊張的局面……

複製技術成了普羅米修斯的聖火，使人們看到了生物文明帶來的美好前景，然而複製技術就像一把「雙面刃」，複製人帶來的負面影響涉及倫理、道德、宗教、法律等方方面面，已引起了科學家、政治家、社會學家、人類學家、法學家、政策分析家、倫理學家及有關國際組織的廣泛關注。

在倫理方面，從「原版人」身上取下的體細胞培育成的「複製人」，究竟是其本人還是其後代？當然，複製的目的無非是想複製另一個完全相同的自我，但實際做不到。「複製人」由於發育得晚，實際上要比「原版人」年幼得多，另外由於「複製人」和「原版人」發育的空間、時間和環境不可能完全一樣，儘管兩者遺傳基因相同，仍然在性格、氣質、知識、思想等方面存在差異。「原版人」和「複製人」雖然在外貌上相似，但不可能是完全相同的人。「複製人」在「原版人」家族中的輩分怎麼排，家譜怎麼寫，戶口怎麼填……

這些都會造成倫理上的極大混亂，給社會、給日常生活造成很大麻煩。假如「複製人」結婚並生了孩子，那輩分就更亂了；自古以來在人類心中形成的倫理觀念勢必崩潰。

在道德方面，由於「複製人」是「原版人」的複製品，他應該享有「原版人」的一些權利和義務。比如，「原版人」的妻子，也應該是「複製人」的妻子；「原版人」的孩子，也應該是「複製人」的孩子。然而，即使「原版人」寬宏大量，同意「自己的人」分享自己的妻子，「原版人」的妻子又怎麼能夠接受這種沒有感情的「繼承」婚姻呢，這顯然是違背一般社會道德準則的。實際上，「原版人」的孩子和「複製人」之間也存在這種問題。

在法律方面，繼承遺產時，「原版人」和「複製人」到底怎樣繼承呢？如果「原版人」犯了罪，讓「複製人」去當替罪羊，勢必得不到法律懲治惡人、保護好人的目的；如果一個犯罪分子，知道自己死了之後還可以透過選殖手段再生，他一定會不惜一切地鋌而走險，對社會的危害將是極大的。

當然，對於人的複製還有其他一些負面影響。人是自然界中最高等的生物，經過長期演化，人類已脫離動物界，組成人類社會，人類的遺傳物質是全人類的共同財富，人類有責任保護其安全，不容許任意修飾基因組，而複製人不利於人類遺傳物質的安全；人性、人格和家庭觀念將會受到衝擊，是對人的個性、不確定性和相互聯繫性的嚴重挑戰；複製人容易在文化觀念、風俗習慣等方面引起混

亂。凡此種種，至少是從現在看來，提倡複製人會造成家庭和社會的極大混亂，弄不好會滋生犯罪，造成人類文明的大倒退。

為此，複製人的苗頭剛出現，許多國際組織和一些國家的政府就制定了相關法律，紛紛禁止複製人的相關研究。

1997年5月8日至10日，世界醫學會召開會議作出一項決議，號召從事科學研究的醫生和其他研究者，自動遠離複製人研究。

1997年5月14日，世界衛生組織第50屆世界衛生大會關於人類生殖複製的決議斷言，利用複製技術複製人類個體，在倫理上是不能接受的，違反人類尊嚴與道德。

1997年6月，美國國家生命倫理顧問委員會向總統建議，立即請求各公司、臨床醫師、研究者、私立和非聯邦基金部門的各專業協會，服從聯邦政府暫停研究複製人的決定。各專業和科學協會應闡明立場，用體細胞核轉移複製製造孩子的任何嘗試，都是不負責任、不合倫理和違反職業道德的行為。

1997年6月14日至17日，穆斯林醫學組織在召開的研討會上建議，不允許把協力廠商，無論是子宮、卵子、精子或複製細胞，引入到夫婦關係中。

1997年7月，國際婦產科聯合會做出決議，無論用核轉移或胚胎分裂，複製人類個體，都是不能接受的。

1997年3月，中國衛生部對複製人表明的立場是「四不政策」，即不贊成、不支持、不允許、不接受。

1998 年 1 月 12 日，19 個歐洲國家在法國巴黎簽署了《禁止複製人協議》，禁止用任何技術創造與任何生者或死者基因相似的人。這是世界上第一個禁止複製人的法律協議。

1998 年年底，韓國慶熙大學附屬醫院兩位教授，成功地利用一名婦女卵細胞培育出可以孕育新生命的胚芽，後因過不了道德倫理關，不得不停止了試驗。

2005 年 2 月 18 日，第 59 屆聯合國大會法律委員會以 71 票贊成、35 票反對、43 票棄權的表決結果，以決議的形式通過一項政治宣言，要求各國禁止有違人類尊嚴的任何形式的複製人行為。

人類胚胎幹細胞研究也在許多國家都受到了限制。德國實施胚胎保護法，嚴格禁止複製人及人體胚胎的研究。官方人士認為，目前用於醫療目的複製人體胚胎細胞的理由並不充分，人們有必要仔細權衡利弊。德國部分人士則反對目前的胚胎保護法，認為有必要修改以適應現代醫學發展的需要。他們主張在國家嚴格監督下，允許少數研究中心從事醫療目的的複製人體胚胎細胞的研究。美國禁止利用聯邦資金進行這類研究，但對私人資金並不限制。1998 年 11 月，美國威斯康辛大學等機構的科學家在美國《科學》雜誌上發表報告說，他們成功地利用人類胚胎組織分離培育出胚胎幹細胞，它們能在體外不斷生長、增殖，具有很強的分化潛力，致使美國在這一領域的研究走在世界前列。這一突破性進展引起了各國科學家的關注，也引發了倫理、道德、宗教、法律等方面的激烈爭議。

儘管如此，複製人的出現仍然很難避免。據伊恩·威爾穆特教授預計，如果有研究小組準備做這項工作，並能得到人的 1 千個卵母細胞，經一兩年時間，在技術上能製造出複製人。英國《獨立報》日前公佈的一項調查顯示，儘管當前社會普遍反對進行複製人研究，但許多著名醫學家仍然認為，將來肯定會出現第一個複製人類嬰兒。雖然多數被採訪的科學家表示，不贊成進行複製人研究，但他們認為，如果技術和安全方面的問題可以解決，以複製人為目的的繁殖性選殖研究未來可能會進行。

　　在法國巴黎蓬皮杜中心舉行的一次複製科學講座上，美國農業經濟研究學院研究主任雷納透露，美國還沒有法律禁止選殖人類的實驗，他懷疑已有科學家在美國靜悄悄地成功造出全球首名複製人。雷納認為，即使他們能夠成功複製出人，並能使這個複製人傳宗接代，這件事也不會在短時間內曝光。出於要觀察複製人成長的目的，估計成功複製人的消息要延後 10 多年公佈；另外，據專門研究複製人的一位英國物理學家在接受英國廣播公司訪問時透露，不少實驗室正進行複製人的實驗。

　　許多科學家認為，儘管世界許多國家明確禁止進行複製人研究，但這個世界上總會有人試圖在某些地方從事這項研究。不管政府批准還是不批准，它都會發生，這是很難阻止的。

6. 治療選殖　得到寬容

　　長期以來，移植器官緊缺一直是困擾醫學界的一大難題。根據自然法則，世界各地的死亡者中大都以老年人和癌症、心臟病患者居多，他們的器官由於有缺陷而無法供人體移植用，尋找年輕健康的器官又非常困難，使得等待移植器官的患者人數不斷上升。早在2000年，全球等待移植器官的患者就有數十萬，僅美國就有6.2萬人等待捐獻心、肺、肝、腎等器官。

編按：臺灣器官捐贈率在亞洲排名第三，而且還在逐年攀升，但等候
　　　器官移植人數將近萬人，器官捐贈僅有三百多人，差異相當懸
　　　殊。由於年總捐贈人數扣除捐眼角膜者，每年器官捐贈人數僅
　　　一百多人，顯見器官移植供需不平衡的問題還是亟待解決。

　　在這種背景下，雖然以繁殖為目的的人細胞複製受到了人們的普遍譴責和各國政府的明令禁止，但以治療為目的的人細胞複製得到了一些理解和支持。

　　英國科學部長森斯伯裡勳爵曾表示，他個人認為應允許展開人類胚胎複製研究，培養人體組織用來治療疾病。自從美國學者發現了控制人體器官組織發育的幹細胞後，英國科學家就建議複製人體胚胎，從中提取幹細胞培養人體組織。由於擔心公眾反對，英國政府一直沒有就此事做出最終決定。在一次生物工業協會的會議上，森斯伯裡勳爵說，假如英國要想控制老年人患上諸如阿茲海默症和

帕金森氏症這樣的疾病的人數不斷增長的局面的話，研究人類胚胎複製是十分必要，他認為複製療法為治療疾病帶來了希望，極有可能解決因疾病而產生的人類健康問題。

2000 年 8 月 16 日，英國政府終於宣佈，將批准以治療研究為目的的人體胚胎複製實驗。消息傳出，國際生物醫學屆立即為之譁然。英國《獨立報》還在頭版頭條刊登了一幅胚胎照片，稱這個只有六天生命的胚胎預示著 21 世紀生命科學美好的未來。有人甚至樂觀地預言，人體胚胎複製技術將導致人類一些重大疾病治療的革命性變化，人體哪個部件發生了障礙，將會用複製的器官取而代之，一切看起來就像修理自行車一樣方便。

由英國公共健康大臣羅那爾德森領導起草的一份報告稱，人體胚胎複製實驗將為找到新的治療方案開闢道路，其目的在於利用年輕的細胞來培養各種人體組織，以治療那些現在無法根治的疾病。2000 年 8 月 23 日，時任美國總統柯林頓也宣佈，同意利用聯邦政府資金進行複製人類胚胎的研究。他表示，美國政府是在對國家衛生研究院發佈的指導方針進行了仔細的審查後做出這個決定的，因為進行人類胚胎複製研究將帶來令人難以置信的潛在益處。

這樣，「治療性複製」得到了一些寬容。

什麼是「治療性複製」呢？在體細胞複製技術出現之前，科學家們只能從流產、死產或人工授精的人類胚胎中獲取分裂能力很強的幹細胞來進行研究。複製羊「桃莉」的問世，意味著可以透過體

細胞複製出人類胚胎，這將使幹細胞獲取更為容易。醫生可從患者身上取下一些體細胞進行複製，使形成的囊胚發育到 6 ～ 7 天，再從中提取幹細胞，培育出遺傳特徵與患者完全吻合的細胞、組織或器官，如果向提供細胞的患者移植這些組織器官，這就是所謂的「治療性複製」。

複製療法在醫治一些人體組織（如大腦、心臟和肝臟）疾病方面被認為具有巨大潛力。它可分幾步完成，首先從患者的細胞中提取細胞核，並將其與抽去染色體的空的人卵子結合成細胞；經過數天後，合成的細胞發育成近 120 個細胞的細胞球。從理論上講，如將細胞球植入人體子宮內，便可成長為患者的人體胚胎，但這在英國會被嚴格禁止。於是，根據科學家們建議，在獲得細胞球後，首先從中提取幹細胞，然後按需要用幹細胞來培養相應的組織，譬如，心臟細胞或大腦神經元，以代替被疾病傷害的人體組織。

迄今，人造器官仍然存在一些問題，可供移植的器官極度匱乏而且會有排異反應，如果治療性複製研究取得成功，患者將可以輕易地獲得與自己完全匹配的移植器官，不會產生任何排異反應。屆時，血細胞、腦細胞、骨骼和內臟都將可以更換，這無疑給患白血病、心臟病和癌症等疾病的患者帶來新的希望。

英國 PPL 生物技術公司特別重視「治療性複製」的研究，一方面是因為在英國移植器官缺乏的形勢十分嚴峻，另一方面是因為器官移植確實能給公司帶來豐厚的利潤。PPL 生物技術公司在展開用

於治療目的的人細胞複製前，首先進行了一種過渡性的豬細胞選殖研究。他們認為，隨著轉基因複製技術的發展，將來某一天人們或許可以在實驗室中用人體細胞培育出代用的移植器官，但要實現這一點仍有很長的路要走，在這種形勢下，解決移植器官短缺的唯一可行方法就是實行異種器官的移植，即將一種動物的細胞、組織或器官移植到另一種動物的體內。

2013 年，Matsunari 報導了一種複製豬，帶有可供臨床移植的人源性胰臟。

選擇豬作為培育目標，主要是由於豬器官在生理上與人器官更為接近，而且豬具有繁殖力強的特點，為大量獲取移植器官提供了可能性。科學家們稱，假如一個移植的豬器官可持續工作 5 年，就

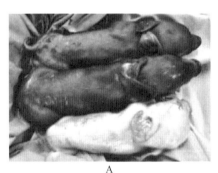

A   B

帶有可供臨床移植的人源性胰臟的複製豬
（引自：Matsunari H, et al.Blastocyst complementation generates exogenic pancreas in vivo in apancreatic cloned pigs.Proceedings of the National Academy of Sciences of the United States of American, 2013, 110(12): 4557 – 4562）
A—幼年的複製豬；B—成熟的複製豬

能基本上解決問題，因為這種器官可以大量培育，需要時可進行手術更換。

一些分析家認為，在全球性移植器官短缺的情況下，未來全球供人體移植用的豬器官有 60 億美元的市場前景，當然移植能產生胰島素的豬細胞也有同樣的市場規模。龐大的市場需求，為 PPL 生物技術公司的研究項目注入了強大動力。

培育出具有轉基因特徵的複製豬是向異種器官移植邁出的重要一步，但遠遠沒有實現豬器官的人體移植，還需克服許多困難。第一個，也是最重要的一個，就是人體的急性排斥反應。通常，人體的排斥反應是由白血球和抗體對侵入體內的外來物進行攻擊造成的。但異種器官移植則不同，當器官植入人體後，在白血球和抗體發生作用前，就會受到人體血液中一種由 20 多種酶組成的複合物的攻擊，幾分鐘內便可使植入器官的血液凝結，導致缺氧死亡。

由於豬血管內皮細胞上含有一種人類沒有的醣分子，當豬器官植入人體後，人體的免疫系統會將這種醣分子認作外來物而發起攻擊，幾分鐘內即可將移植器官摧毀。所以，需先對豬細胞中負責產生這種醣分子的目標基因進行修改，使其失去活性，再複製這種細胞，這樣培育出來的豬器官移入人體後，就可避免人體的超急性排斥反應。與此同時，還需在豬體內加入一種可產生天然蛋白質的基因，以減輕免疫反應的強度。

PPL 生物技術公司稱，豬器官的醣分子是引起免疫排斥反應的

主要原因，卻不是唯一原因，因此植入人體內的豬器官在植入後的2～7天內還有可能遇到其他形式的排斥反應。引起這種排斥反應的主要原因有兩個。一是由存在於人體血管表面的抗凝血成分喪失引起的，這種抗凝血成分具有防止血液凝結堵塞血管的作用，當異種器官移植後，這些保護性的抗凝血成分就喪失了；為此，PPL生物技術公司試圖向豬體內加入第二種基因，這樣當器官進行移植後，需要時即可產生抗凝血成分的替代物。二是血管表面存在過量的VCAM分子也會引起免疫排斥反應。通常人體內只有少量的這種分子，其作用是促使血液中的白血球滲入感染和炎症部位，以抵抗病菌侵襲。當異種器官移植後，VCAM分子會過量產生，使移植的器官衰竭。為了克服這一障礙，PPL生物技術公司計畫在豬體內加入第三種基因。這種基因可使細胞內產生一種新的蛋白質，將VCAM分子捕獲，以免移植的器官受到傷害。科學家們表示，對上述兩種產生物都必須進行嚴格的控制，以確保只有在需要時才適量產生，否則將會帶來災難性的後果。

　　人體的長期免疫排斥反應也需要克服。在異種器官移植中，這種免疫排斥反應主要是由T細胞的進攻引起。T細胞有許多種，每一種可識別一種特定的「外來入侵者」，是整個人體防禦系統的一部分。為了防止T細胞對移植器官進行攻擊，PPL生物技術公司準備在器官移植前先給患者注射少量經過「修改」的豬細胞，這些細胞可使負責對移植器官進行攻擊的T細胞喪失識別能力，而其他T

細胞不受影響，依然可以保護人體免受感染。

　　以上是 PPL 生物技術公司解決人體免疫反應採取的幾個主要步驟，如果進展順利，還需要展開靈長類動物實驗、防止豬病毒感染的安全性研究以及人體試驗，然後達到臨床應用的目的。

　　然而，真正培養人體細胞進行治療性複製的研究，世界各國的進展都比較緩慢。中國在「治療性複製」研究領域取得了實實在在的進展。科學家們已經把人的體細胞移植到去核的卵母細胞中，然後經過一系列處理發育至囊胚，初步取得了複製上的成功。治療性複製「選殖」課題也被列為中國國家級重點基礎研究項目，此課題分為上、中、下游三部分：中國上海市轉基因研究中心成國祥博士負責上游研究，中國上海第二醫科大學盛惠珍教授和曹誼林教授分別主持中、下游的研究工作。其整體目標是，用患者的體細胞移植到去核的卵母細胞內，經過一定的處理使其發育到囊胚，再利用囊胚建立胚胎幹細胞，在體外進行誘導分化成特定的組織或器官，如皮膚、軟骨、心臟、肝臟、腎臟、膀胱等，再將這些組織或器官移植到患者身上。利用這種方法，將從根本上解決異體器官移植過程中最難的免疫排斥反應，同時使得組織或器官有了良好的、充分的來源。

　　「治療性複製」雖然受到了科學家們歡迎，卻遭到了一些宗教團體和個別國家政府的反對。

　　2000 年 9 月 7 日，歐洲議會以非常接近的票數，投票通過反

對用複製技術進行醫學研究，表示包括複製人類胚胎在內的醫用選殖技術會使醫學研究越過負責任的界限。議會呼籲英國重新檢討其對選殖技術的立場，並建議聯合國全面禁止複製人類。

2004 年 8 月 11 日，英國頒發全球首張複製人類胚胎的合法執照，有效期為 1 年，胚胎 14 天後必須銷毀，培育複製嬰兒仍屬非法行為。其目的主要是：增加人類對自身胚胎發育的理解；增加人類對高危疾病的認識；推動人類對高危疾病治療方法的研究。

為什麼 14 天前的胚胎，也就是前胚胎，可以作為研究物件呢？根據胚胎學的大量研究結果，14 天前主要是形成胚胎外部組織，即外胚層。特別重要的是，「原胚條」還沒有出現。原胚條一旦出現，就意味著胚胎細胞已經開始向各個組織器官發育分化，表現出各自具有的特殊性。所以，14 天前和 14 天後的胚胎具有本質的不同。一般認為，14 天前的胚胎還是既無感覺又無知覺的細胞團，尚不構成道德的主體，對其進行研究也不侵犯人類的尊嚴。

「治療性複製」的發展任重道遠，科學家們仍在不斷地探索，期待不久的將來，選殖的組織或器官能夠在臨床上應用，徹底解決可供移植的組織器官「嚴重短缺」的問題。

7. 複製動物　其他進展

　　印度野牛是一種棲息在東南亞、印度的森林或竹林中的大型野生動物，現今全世界僅剩了約 3 萬隻，已經瀕危。牠們的數量不斷減少是因為近年來印度野牛的野外棲息地不斷縮小，加上盜獵者由於高額利潤的驅使不惜鋌而走險；此外，印度野牛在動物園中很難繁殖成功，也是這種大型野生動物家族不夠興旺的原因。

　　長期以來，科學家們希望能夠大量繁殖這種動物，以拯救這一珍稀物種，複製技術還真派上了用場。2001 年 1 月 8 日，在美國愛荷華州，一家生物技術公司的科學家們成功地將乳牛卵子中的細胞核剔除，再把印度野牛皮膚細胞的細胞核植入。幾個月後，一頭名叫「諾亞」的印度野牛誕生，體重 80 磅（約 36 公斤）。這是世界上第一頭複製野牛，但牠僅活了 1 天就因為感染痢疾死亡。科學家們認為，選殖的野牛感染痢疾與選殖技術本身無關。

　　科學家們對複製技術充滿信心，希望能夠挽救世界上大量瀕危野生動物。

　　中國也有複製瀕危野生動物的計畫。白鰭豚是生活在長江中下游地區的大型水生哺乳動物，已經在地球上生活了幾千萬年，然而跟大熊貓一樣，白鰭豚的自然繁殖成功率極低，再加上長江生態環境惡化等因素影響，野外活體數量不斷減少，現存已不足百頭，只是現存大熊貓數量的 1/10 左右。白鰭豚和大熊貓並稱為「活化石」，是世界上 12 種最瀕危動物之一，為中國國家的一級保護動物。

為了保護這個珍稀瀕危物種，中國科學院水生生物研究所的科學家們希望能夠進行複製。

水生生物研究所的白鱀豚專家張先鋒說，我們已經開始從人工飼養了 20 年的雄性白鱀豚「淇淇」身上提取體細胞，獲取遺傳訊息，以備所需資金到位後立即進行複製和其他科學實驗。「訊息選殖」這個研究所飼養的白鱀豚「淇淇」，體長 2 公尺，體重 125 公斤，是唯一一頭人工飼養的白鱀豚。

白鱀豚的平均壽命大約為 30 年，21 歲的「淇淇」將要步入垂暮之年。遺憾的是，由於種種原因，牠沒有後代。

張先鋒教授說，除了從「淇淇」身上提取的寶貴遺傳基因外，他們還從野外擱淺、受傷的白鱀豚身上獲取有關資訊，建立白鱀豚體細胞庫，為白鱀豚複製和生殖生理學等方面的研究提供樣本。

動物保護專家認為，複製只是保護白鱀豚、大熊貓這類珍稀動物的一種嘗試。極待解決的是需要儘快改善牠們的野外生存環境，並提供更好的棲息條件。

據中國國家環保部一位官員介紹，作為保護白鱀豚的一個重大步驟，中國已投資 940 萬元在安徽銅陵建成了白鱀豚養護場，對白鱀豚和與白鱀豚體態、習性極其相似的長江江豚進行易地保護。張先鋒教授說，長江中的白鱀豚已經極為稀少，牠們的遊速非常快，普通的機動船很難追上，易地養護難度較大。但水生生物研究所正在尋求與其他單位合作，進行白鱀豚複製等研究。

　　另一方面，科學家們希望使用冷凍細胞技術使已經滅絕了的野生動物「起死回生」。

　　2015 年 9 月 1 日，據俄羅斯媒體報導，俄羅斯猛獁象博物館館長謝苗·格利高裡耶夫說，俄羅斯首家複製滅絕動物的實驗室在亞庫次克開始工作，該實驗室主要任務是找到用於此後複製所需的活細胞，使猛獁象能夠再生。報導指出，為實施這個計畫，彙集了來自多國學者的共同努力。為得到細胞，不僅要在永久凍土中找到保存完好的細胞，還要找到能夠使其正確解凍的方法。此前有消息說，在涅涅茨自治區挖掘出了「紅猛獁象」的長牙。

　　印度勒克瑙古植物研究所的科學家們發現了 1800 萬年前一隻雄性蚊子的化石，他們希望能從中瞭解到蚊子和現今生活在南亞的動物

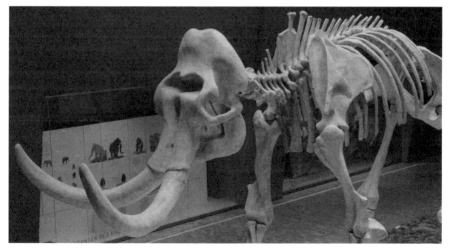

猛獁象

群是如何演變的。據悉，這塊化石是在印度西南的喀拉拉邦的一處瓷土基上發現的，蚊子被密封在一小塊樹脂中，保存完好，從中提取到蚊子基因的可能性很大。勒克瑙古植物研究所的科學家阿納德·普勒卡什和馬諾伊·舒克拉向印度地質學會報告了這一發現，並請求海德拉巴細胞和分子生物研究中心提取這隻蚊子的基因，然後加以複製，再與現代蚊子的基因進行比對，以便瞭解蚊子的演變過程。

此前，該研究所的科學家還在印度北方比哈爾邦的一個山谷裡發現了一批包裹在樹脂中的半翅目、膜翅目和鱗翅目的昆蟲化石，對於研究基因和昆蟲演變是極為珍貴。這些化石的發現足以說明，早在 1000 多萬年前，這些昆蟲就生活在現今印度的北方地區，而現在生活在同一地區的動物群大多是從那時演變過來的。所以，對這些滅絕動物的複製研究，意義非同尋常。

轉基因動物複製引起了關注。體細胞複製的成功為轉基因動物生產掀起一場革命，動物體細胞複製技術為迅速放大轉基因動物所產生的種質創新效果提供了技術可能。採用簡便的體細胞轉染技術實施目標基因的轉移，可以避免家畜生殖細胞來源困難和低效率。同時，採用轉基因體細胞系，可以在實驗室條件下進行轉基因整合預檢和性別預選。

在細胞核移植前，先把目的外源基因和標記基因（譬如 Lac Z 基因和新黴素抗性基因）的融合基因導入培養的體細胞中，再透過標記基因的表現來篩選轉基因陽性細胞及其複製，然後把此陽性細胞的核移植到去核卵母細胞中，最後生產出的動物在理論上應是

100%的陽性轉基因動物。採用此法，史尼克等科學家早在1997年已成功獲得6隻轉基因綿羊，其中3隻帶有人類凝血因子IX基因和標記基因─新黴素抗性基因，3隻帶有標記基因，目的外源基因整合率達50%。斯百利於1997年同樣利用核移植法獲得3頭轉基因牛，證實了該法的有效性。由此可以看出，當今動物複製技術最重要的應用方向之一，就是高附加值轉基因選殖動物的研究開發。

2001年1月11日，自美國西海岸報導，人類培育出的首隻轉基因猴在美國安全降生，這是世界上第一隻轉基因靈長類動物。科學家們在同年1月12日出版的《科學》（Science）雜誌上報導，他們在猴子的未受精卵細胞中加入附加基因，成功培育出健康活潑的小猴「安迪」。據介紹，安迪體內增加的基因僅是一個簡單的標誌基因，目的就是能夠簡單地確認出牠的基因圖譜，但是同樣的轉基因方法可以令其他的實驗動物攜帶特定的醫療目的基因。

有人認為，此項成果可能意味著人類醫學進步步伐加快，具體涉及的疾病可能包括糖尿病、乳腺癌、帕金森氏症和愛滋病。

同一時期，中國轉基因動物的複製研究也取得了重大進展。3隻名為「連連」、「田田」和「云云」的小山羊出現在順義三高科技農業試驗示範區，這是中國首例3隻轉有人 α 抗胰蛋白酶基因的轉基因山羊。這3隻轉有人 α 抗胰蛋白酶基因的轉基因山羊，可透過繁育養殖生產更多的後代，從轉基因山羊的羊奶中提取治療慢性肺氣腫、先天性肺纖維化囊腫等疾病的特效藥物，填補了中國人 α 抗胰蛋白酶藥物市場的空白。在英國，含有這種藥物的羊奶售價是

6 千美元／一公升，一隻母羊就好比一座天然製藥廠。

編按：臺灣行政院於 1995 年通過「加強生物技術產業推動方案」，
1997 年召開第一次國家生技產業策略規劃。1999 年生物技術
被列為十大新興工業之一，2001 年中央研究院設置國家級基
因組研究中心。自 1980 年代中期，政府開始整合基因改造之
研究團隊，並於 1989 年成功產製帶有人類乳突瘤基因序列之
轉基因小鼠，作為研究肝癌與子宮頸癌等研究之模式動物。臺
灣大學與日本東海大學等單位合作，已產製 5 種與異種器官移
植有關之轉基因豬，將可克服器官移植後的細胞急性排斥反
應。2002 年成功產製的雙基因轉殖豬「酷比」同時帶有豬乳
鐵蛋白以及人類第九凝血因子。2007 年臺灣大學研發雙基因
轉殖豬「環保豬」，可以提升豬隻消化飼料的能力，也使豬隻
可以吃草，排泄物也不再有纖維和有機磷，減少環境汙染。

近年來，繼轉基因動物後，又出現了基因編輯動物。基因編輯
就是對目標基因可像文字編輯那樣進行操作，只不過文字編輯是增
減字詞或標點，而基因編輯是對基因組裡特定 DNA 片段進行剃除、
加入等，有目的地實現個別基因的改變。基因編輯技術使用鋅指核
酸酶（zinc-finger nucleases，ZFN）、類轉錄啟動因子效應物核酸
酶（transcription activator-like effector nucleases，TALEN）、
CRISPR/Cas9 等工具進行操作。其中 CRISPR/Cas9 是新一代基因
編輯器，可用來刪除、添加、啟動或抑制其他目標基因，包括人、狗、
斑馬魚、細菌、果蠅、老鼠、酵母、線蟲以及農作物等細胞內的基因，

使得對任意基因的編輯變得更容易，因而是一種可以廣泛使用的生物技術。CRISPR/Cas9 的發現者是兩位偉大的女科學家—Jennifer Doudna 和 Emmanuelle charpenfier，因該項發現榮獲「2015 年度生命科學突破獎」。

2013 年，中國西北農林科技大學動物醫學院張湧教授等利用鋅指切口酶介導的基因精確插入技術，研製出溶葡萄球菌素基因打靶的抗乳腺炎乳牛。2015 年，張湧等又利用 Tale 切口酶介導的基因精確編輯技術，獲得 23 頭 Ipr1 基因打靶抗結核病乳牛。

轉基因和複製技術仍被認為是生命科學的兩件重要利器。科學家們根據破譯出的多個物種的基因組成果，協調使用轉基因和複製技術，能夠培育出人類從來未敢想像的超級生物，這給醫療、傳統農業甚至工業等多個領域帶來了非常光明的曙光。

張湧等利用基因編輯技術創造的抗乳腺炎乳牛

第五章
創造新個體的
細胞操作

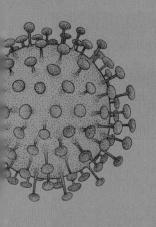

1. 核質雜交　培育新種

　　綿羊「桃莉」是世界上第一頭成年體細胞選殖動物，但並不是最早的選殖動物。最早的選殖動物是用胚胎細胞進行選殖的。由於胚胎細胞具有發育成整個生物體的潛能在生物界早已形成共識，所以這種選殖動物的意義自然不能和「桃莉」相比，但這種選殖方法為遺傳育種提供了一條新思路。

　　最早出現的選殖動物是什麼呢？ 1952 年，美國科學家 Robert Briggs 和 Thomas King 把早期的蝌蚪胚胎細胞核移植到去核的蛙卵細胞中，重新組合的細胞發育成了蝌蚪。這種選殖蝌蚪是與原版蝌蚪一樣的複製品，引發了關於選殖的第一場辯論。蝌蚪是世界上第一種被選殖的動物，改寫了生物技術發展史。

　　1960 年和 1962 年，英國牛津大學的科學家先後用非洲一種有爪的蟾蜍（非洲爪蟾）進行過選殖試驗。透過將爪蟾蝌蚪的腸上皮細胞、肝細胞、腎細胞中的核，放進已被紫外線破壞了細胞核的卵細胞內，經過精心照料，長出了活蹦亂跳的爪蟾。

　　1978 年，中國著名生物學家童第周成功進行了黑斑蛙的選殖試驗，他將黑斑蛙的紅血球的核移入事先除去了細胞核的黑斑蛙卵中，這種換核卵最後長成能在水中自由游泳的蝌蚪。

　　1979 年春，中國科學院水生生物研究所的科學家用鯽魚囊胚期的細胞進行人工培養，經過 385 天 59 代連續傳代培養後，在顯

微鏡下用直徑 10 微米左右的玻璃管從培養細胞中吸出細胞核，然後注入去核後的卵細胞內，這樣的換核細胞在人工培養條件下大部分夭折了，189 個換核細胞中只有兩個孵化出了魚苗，而最終只有一條幼魚經過 80 多天培養後，長成了一條 8 公分長的鯽魚。這種鯽魚並沒有經過性細胞的結合，僅僅是卵細胞換了個囊胚細胞的核，實際上是由換核卵產生的，是選殖魚。

　　魚類換核技術的成熟和兩棲類換核的成功，使一批從事良種培育工作的科學家們激動不已，既然鯽魚的囊胚細胞核取代鯽魚卵細胞核後能得到選殖魚，那麼異種魚換核能否得到新的雜交魚呢？

　　中國科學家首先提出了這個問題，也首先解決了這個問題。中國科學院水生生物研究所的研究人員，設法用鯉魚胚胎細胞的核取

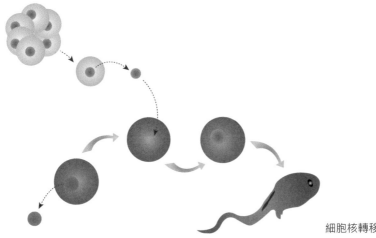

細胞核轉移選殖蝌蚪

代了鯽魚卵細胞的核。經過這樣的重新組合後，鯉魚胚胎細胞核居然能和鯽魚卵細胞質相安無事，並開始了類似受精卵分裂發育的過程，最後長出有鬍鬚的「鯉鯽魚」，這種魚生長快，很像鯉魚，但它的側線鱗片數和脊椎骨的數目則與鯽魚相同，而且魚味鮮美不亞於鯽魚。

其實早在 20 世紀 60 年代，童第周和他的學生們就開始了對魚類細胞核的移植研究。他們把一種魚的囊胚細胞核移植到另外一種魚的卵子裡，研究移核魚的發育情況和性狀表現。這種核的搬運遊戲在不同種、不同屬和不同亞科的動物間均進行了嘗試，結果表明不僅移核卵能順利長成小魚，而且得到的幾種雜交魚表現出了明顯的雜交優勢。從此，魚類細胞核移植技術，成為培育具優良性狀的雜交魚的有效手段。目前，透過核質雜交技術培育出的新型經濟魚種，除了前面提到的鯉魚核和鯽魚質雜交魚外，還有草魚核和團頭魚質雜交魚等，它們都表現了兩種魚的特點，並能遺傳給下一代，為親緣關係較遠的動物之間的雜交育種開闢了一條新路。

但同樣是利用胚胎細胞核進行選殖，為什麼選殖出來的動物差別如此大呢？仔細分析會發現，選殖魚也好，選殖兩棲動物也好，都是同種生物的細胞核和細胞質交換，所以選殖出來的動物和提供細胞核的動物至少在外貌上是相似的，這種同種細胞之間的選殖可以用來繁殖。鯉鯽魚就不同了，它是鯉魚的胚胎細胞核在鯽魚的卵細胞質裡進行發育。雖然鯽魚的卵細胞已經除去了核，但細胞質的

粒線體中仍有遺傳物質 DNA，而且這些 DNA 裡包含的基因與鯉魚的基因不同；另一方面，在受精卵發育過程中，細胞核和細胞質是相互作用的，細胞質裡含有一些調控細胞核基因表達的物質，由於鯽魚細胞質和鯉魚細胞質成分不同，對細胞核裡基因所發揮的調節作用也必然不同，從而導致了不同的基因表達。這樣，鯉鯽魚具有了兩種魚的雜交性狀。

2014 年，中國科學院國家斑馬魚資源中心主任孫永華等報導了金魚和鯉魚的跨物種選殖及細胞質因素對選殖魚發育的影響。儘管選殖魚在長體型、2 對觸鬚、正常尾巴和正常眼睛等表面特徵方面與提供細胞核的普通鯉魚相似，但 X 光分析表明，選殖魚的椎骨數屬於金魚的範圍（28 ～ 30 塊），明顯不同於普通鯉魚的椎骨數（32 ～ 36 塊）。說明細胞質因素對選殖魚發育是有影響的，因為細胞質裡也有遺傳物質（粒線體基因）。

傳統上，核移植一直借助於顯微裝置進行。也就是用一種特製的微型吸管把細胞吸進去，靠著吸管壁的壓力，把細胞膜擠破，然後把細胞核連同它外面包裹的一層細胞質一起注入受體細胞。受體大多是一個啟動的動物卵細胞，因為卵細胞體積大，操作起來容易，而且透過發育可以把特性表現出來。在國外，科學家利用這種方法，把灰鼠交配得到的胚胎細胞核取出，注入到剛剛受精的去核黑鼠受精卵內，僅留下胚胎細胞核，將其移植到白鼠子宮內繼續發育。最後，具有灰鼠核和黑鼠質的雜交問世了。

　　2004 年，王新莊等報導了鼠兔核質雜交及早期胚胎發育研究，以 2 ～ 8 細胞期小鼠胚細胞為供體核，家兔卵母細胞為受體胞質，進行電融合，形成種間雜交胚胎。

　　除了細胞核可以進行移植外，細胞裡其他細胞器是否可以移植呢？早在 20 世紀 60 年代，有人把菠菜的葉綠體移植到動物細胞的細胞質中，獲得了一種綠色的動植物雜交細胞。這種細胞能進行正常分裂，葉綠體結構也保持完整。

　　科學家發現，生長在熱帶或亞熱帶地區的某些作物，比如甘蔗、玉米等，具有一種更為有效的二氧化碳固定途徑，一般稱為四碳途徑。按照四碳途徑進行光合作用的植物叫四碳植物。相應地，按照三碳途徑進行光合作用的植物叫三碳植物，比如，水稻、小麥、棉花、大豆等。研究發現，四碳植物比三碳植物具有更高的光合效率。把一種植物的葉綠體移植到另一種植物中去，這種技術思路可以用來改良光合作用效率低的植物。

　　2014 年，祁正漢等報導利用核質雜交技術培育成功水稻新品種，新品種的細胞核來自秈稻與粳稻各半，具有低育或不育、超高和延遲抽穗等特點。

2. 獅身人面　嵌合動物

　　埃及的獅身人面像，人們大概都不陌生，它是一座巨大的人臉和獅身的石質雕像。古埃及的法老為什麼要建一個怪物放在陵墓前呢？大概是象徵他的權力和威嚴，試想：獅子堪稱獸中之王，人尚能淩駕於獅子之上，該是何等風光。

　　其實，獅身人面像並不是古埃及人的專利，在古希臘神話中也有獅身人面像，只不過古希臘的獅身人面像帶翅膀、是女的，而且古希臘人還杜撰出了羊頭獅身蛇尾的怪物。在其他國家以及中國的神話中也有蛇身人面的妖怪、魚身人面的美人魚。不管當初的杜撰

獅身人面像

者們是怎麼想的，在今天的生物學家看來，這些怪物反映了人們對創造生命的追求。

隨著生命科學的飛速發展，就像在植物中，透過馬鈴薯細胞和番茄細胞的融合可以創造出「兩層樓作物」一樣，一些經濟動物體細胞之間的融合或許也可以創造出一些動物新種。生物學家稱這些含有兩個或兩個以上物種的基因及其表現出來的性狀的動物為嵌合體動物。

嵌合體動物是怎樣創造出來的呢？它是把兩種或兩種以上的早期胚胎或胚胎組織聚集在一起，從而發育成動物個體。如用三種不同毛色的小鼠胚胎細胞聚集在一起，那麼形成的嵌合體動物就有三

A   B

嵌合體動物及其後代
（引自：Hongsheng Men, Elizabeth C.Bryda.Derivation of a germline competent transgenic fischer 344 embryonic stem cell line.PLoS One, 2013, 8(2): e56518）
A—嵌合體動物（面部有白色區域）；B—嵌合體動物的後代

種不同顏色的皮毛，其體內組織也由三種胚胎成分組成，這三種胚胎成分在功能上是協調的，但每種細胞都有自己的遺傳特徵。

以小鼠為例，培育嵌合體動物的辦法有兩種：一種是聚集法，即把發育到 8 細胞期的胚胎用蛋白酶或酸去掉透明帶，這時候的胚胎細胞黏性增加，在 37℃，用鑷子把兩個胚胎輕輕擠壓，使之黏在一起，或把兩個胚胎放在 4% 瓊脂小井裡，讓兩個胚胎緊密接觸，然後放在恒溫培養箱裡培養，胚胎很容易包裹在一起，從而形成嵌合胚胎，由於動物是異養（即自身不能製造有機養分，必須攝取現成的有機養分來維持生存）的，胚胎必須種植在母體子宮裡，從母體中獲得營養才能生長發育，故要為這種組合胚胎尋找一位代理母親，把胚胎植入其體內，讓它在子宮裡發育。另一種是胚泡注射法，即用妊娠 4.5 天的小鼠胚胎作為供體，取出內細胞團，用 0.25% 的胰蛋白酶消化成單個細胞，然後取 3.5 天的受體胚胎，放在顯微操作臺上，把供體的內細胞團注射到受體的胚泡腔，使細胞貼近內細胞團，內細胞團細胞表面黏性大，細胞很容易黏附其上，然後把這種嵌合的胚胎轉移到作為代理母親的小鼠子宮內。

這兩種方法各有優缺點：前者簡單，但嵌合效果差；後者複雜，但嵌合效果好。此外，用於製備嵌合體動物的胚胎最好具有容易辨認的遺傳標記，比如，毛色、眼睛的顏色、耳朵的形狀等。

實際上，嵌合體動物的培育始於 20 世紀 40 年代，當時尼克拉斯和霍爾試圖培育大鼠嵌合體，可惜沒有成功。1964 年，托克威

斯科培育了一個小鼠嵌合體，結果是死胎。到了 1965 年，Mintz 終於第一個成功培育了小鼠嵌合體，從而使這一技術引起了發育生物學家們的廣泛關注，許多科學家開始投入到這一研究領域中來。他們把兩種不同動物的囊胚細胞融合在一起，獲得了不少嵌合體動物。這些動物無論是各個器官的體細胞還是生殖細胞都包含了兩種不同遺傳特徵的細胞，從而表現出嵌合體動物的特徵，還能把這些特徵再遺傳給後代。

2014 年，Mikkers 等報導了培育帶有人胰臟的嵌合體豬的方法。首先將基因修飾的豬體細胞（有別於生殖細胞）核移植到去核的豬卵母細胞中，並在體外發育成囊胚。再將人誘導性多能幹細胞（iPS 細胞）移植到囊胚中。人 iPS 細胞是一種幹細胞，由人的健康體細胞透過基因改造而來。由於基因修飾的豬體細胞缺乏形成特定器官（這裡是胰臟）的能力，特定器官的發育可由人 iPS 細胞完成。最後將囊胚植入代孕母豬體內，胚胎發育成熟後，產下的小豬就是帶有人器官的嵌合體豬。

中國在嵌合體動物研究方面居世界先進水準。1987 年，中國科學院發育生物所的陸德裕研究員領導的課題組，採用不同種類兔胚胎結合的方法，獲得了 3 隻嵌合體小兔。1992 年，北京大學成功培育嵌合體小鼠。1993 年，西北農業大學又成功培育嵌合體山羊。這些為中國今後應用嵌合體技術進行豬、牛等其他家畜的體細胞育種打下了良好基礎。

2007 年 5 月 25 日,世界第一隻人獸混種綿羊在美國內華達大學 Esmail Zanjani 教授的實驗室中誕生。這隻含有 15% 人類細胞的混種羊,花費了該研究小組七年的時間。該項研究的目的是透過向動物體內植入人類的幹細胞,培育出各種適宜於移植的器官,從而解決醫學界移植器官短缺的問題。

2012 年,《科學大觀園》雜誌報導了一隻叫維納斯的神奇的雙面貓,它不僅在臉書(Facebook)上擁有自己的主頁,而且它在 YouTube 上的短片也被數百萬人觀看。看到這隻 3 歲黃褐色小貓的第一眼你就會立馬明白它為什麼如此熱門:它一半臉是純黑色、綠色的眼睛,另一半臉卻是典型的橙色虎斑條紋和藍色的眼睛。研究人員對維納斯兩邊不同顏色皮膚進行了 DNA 採樣,結果表明,兩邊皮膚的 DNA 檢測結果明顯不同。

2014 年,Nagashima 教授成功培育嵌合體豬。一隻編號 29 的白豬全身卻長滿了黑色的豬毛,更重要的是,它身體內有一隻黑豬的胰腺。原來,研究團隊將一隻黑豬的幹細胞注入到白豬胚胎中,使得白豬胚胎中攜帶著發育動物胰腺指令的基因被「關閉」了。這項研究的終極目標是在豬體內培育人類器官,滿足那些需要器官移植的人們的需要。

2016 年,周琪等報導將食蟹猴胚胎幹細胞誘導為類似原始態的多能幹細胞,注入宿主桑椹胚後形成了嵌合體囊胚,將嵌合體囊胚移植到代孕母猴,發育成嵌合體胎兒。分析檢測表明,食蟹猴胚

胎幹細胞參與了三個胚層和生殖細胞的分化發育。這項成果為研究幹細胞的多能性提供了一個很好的靈長類動物模型。

還有一種雌雄嵌合體，主要分佈在昆蟲綱和蛛形綱動物中，如嵌合體螃蟹。雄性藍蟹的螯是藍色的，雌性藍蟹的螯則為紅色。2005 年 5 月 21 日在美國維吉尼亞州格溫島海域捕獲的一隻藍蟹卻與眾不同，其一只螯藍色，一隻螯紅色。維吉尼亞海洋科學研究所的螃蟹專家稱，這是一隻雌雄嵌合體。上一次人們見到這樣的螃蟹還是在 1979 年的史密斯島海域。其他被發現嵌合體動物有嵌合體龍蝦、嵌合體蝴蝶、嵌合體蜘蛛、嵌合體竹節蟲、嵌合體雞、嵌合體蛾類、嵌合體北美朱雀等，它們的數量非常稀少。這些嵌合體動物的出現主要與其發育過程中受到外界干擾或本身基因調控發生紊亂造成的。

嵌合體動物，一方面為生物學家研究胚胎發育以及發育過程中細胞和細胞之間的相互作用提供了理想模型，另一方面為培育優良的經濟動物新品種或服務於臨床提供了新途徑。

3. 胚胎移植　繁育良畜

　　一頭母牛一年只能生一胎，一生最多也只能生育 10 頭左右，然而其卵巢中含有多達 75,000 個卵子，這樣大量的卵就白白浪費掉了。對於一頭高產乳牛，如果任其自然繁殖的話，如此低的繁殖效率未免讓人覺得可惜。有沒有辦法提高良種動物的繁殖率呢？

　　眾所皆知，在良種動物的繁育過程中，必須要由優良的公畜提供精子、優良的母畜提供卵子，精子和卵子在母畜的生殖道內完成受精，然後在子宮裡發育。實際上，決定動物發育成良種的遺傳訊息就包含在受精卵裡，無論是否在良種母畜的子宮內發育，良種動物的後代都將是良種動物。對於良種動物的受精卵或是胚胎，即使是在平庸的母畜體內發育，分娩後產下的後代仍是良種動物。如果讓平庸的母畜作代理母親，承擔起漫長的孕育過程，而僅僅讓良種母畜提供受精卵或早期胚胎，就會大幅提高良種動物的繁殖率。

　　這種良種母畜繁育策略稱為胚胎移植，也就是俗稱的「借腹懷胎」、「受精卵移植」，可跨物種進行，譬如將牛的胚胎移植到羊體內。利用激素處理，可使供體母畜一次排出幾個甚至十幾個卵子，排出的卵子受精後形成胚胎，然後在胚胎形成 6～7 天時將胚胎從供體母畜子宮中取出，再移植到與這頭母畜同步發情的母畜生殖管道的特定部位，讓其繼續生長、發育，直到長成仔畜。當然，也可以把卵子從牛體內取出，進行體外受精，待培育成胚胎後，再送入

母牛體內，分娩生出小牛。這樣的小牛又叫試管牛。此外，胚胎移植也是胚胎生物工程的基礎，比如體細胞選殖技術，在實驗室得到選殖胚胎後，必須利用胚胎移植技術，將選殖胚胎移入受體，最終得到選殖動物。

最早進行胚胎移植實驗的科學家是 Walter Heape。1890 年，他把 4 細胞期的安哥拉家兔胚胎移植到一隻交配過的比利時野兔體內，順利生下了 2 隻安哥拉家兔。當時能夠發明這樣高水準的技術，是十分難能可貴的。到了 20 世紀 30 ～ 40 年代，科學家們又在牛、羊、豬、馬等大家畜身上開始實驗。1951 年，在美國終於誕生了透過胚胎移植獲得的牛犢。此後，胚胎移植技術走出實驗室，並創造了相當可觀的經濟效益。

迄今，牛的胚胎移植技術已經在畜牧業生產中發揮了重要作用。在美國等國家，牛奶需求量的增加，刺激了高產乳牛繁殖速度的加快，胚胎移植技術已經成了廣泛應用的技術，為這些國家的畜牧業生產帶來了勃勃生機。在美國有 60% ～ 70% 的乳牛是透過胚胎移植技術獲得的。由於普遍採用了產奶量高的優質乳牛，美國乳牛的飼養量已經減少了一半以上。與此同時，各國的胚胎移植公司也如雨後春筍般發展起來。根據國際胚胎移植協會（IETS）對全球 2010 年胚胎移植資料的統計，2010 年牛沖胚共 104,651 頭次，獲可用胚 732,227 枚，移植 590,561 枚，其中鮮胚 263,036 枚，凍胚 327,525 枚，分別比 2009 年增長 1%、4%、8%、13% 和

11%。由於 IETS 的統計資料還未能包括世界上所有的地區，這些資料比實際情況可能會低一些。目前，胚胎移植技術已成為畜物相關產業中最具活力的實用繁殖技術之一。

除牛之外，其他動物的胚胎移植術也獲得了發展。1983 年，在英國劍橋大學學習的一位臺灣研究生，成功地移植了 4 個經試管受精的豬胚胎，順利得到 4 隻小豬，在世界上首次完成了難度很大的豬胚胎移植。2013 年，劉偉等報導應用胚胎移植技術培育 SPF 級小鼠，這種小鼠由於不攜帶主要潛在感染和條件致病菌和對科學實驗干擾大的病原體而成為國際公認的標準實驗動物。2014 年，江秀芳報導在江蘇本地養殖戶中展開山羊的胚胎移植工作，供受體羊均為當地主導品種徐淮白山羊，共移植 56 隻，獲得了 43% 的移植妊娠率。

還有一些科學家致力於利用胚胎移植技術挽救那些瀕於滅絕的珍稀動物。1985 年，英國倫敦動物園首次出現了一匹利用胚胎移植技術誕生的斑馬，它是借普通馬的肚子生出的。1987 年，美國國家動物園宣佈，用家貓作代理母親，移植了一種瀕於滅絕的珍貴貓的受精卵，順利得到了 3 窩珍貴的小貓。2014 年 6 月 5 日，新華社報導，在新疆特克斯縣一匹純種「汗血寶馬」在新疆伊犁草原降生，不過新生馬駒的「親媽」與它沒有任何血緣關係，只是普通的伊犁馬。特克斯縣畜牧獸醫局副局長孫軍介紹，11 個月前，專家們利用胚胎移植技術把「汗血母馬」體內的胚胎取出，移植到 6 匹

伊犁馬的子宮內，並使之成功受孕。

　　中國在乳牛的胚胎移植方面已接近國際先進水準。1988 年，從每頭供體牛獲得的可用胚胎平均數為 4 枚，新鮮胚胎移植受體牛受胎率平均為 35% 左右，冷凍胚胎移植牛受胎率為 20% 左右。後來，具有世界最優秀山羊品種美譽的波爾山羊胚胎移植技術也獲得了突破。西北農林科技大學的科學家運用超數排卵技術，從一隻供體波爾山羊的子宮中一次取出了 46 枚可用胚胎，然後順利移植到了 23 隻受體山羊子宮中。據主持這一技術專案的首席科學家竇忠英教授說，這是國內外同類研究與實踐中取得的最新突破。如果利用激素做超數排卵，一次可排出 10 個卵子，其中 6 ～ 7 個能成為正常胚胎，移植到代理母親子宮後，平均可長成 3 ～ 4 個胚。一頭母羊一年可進行 5 次超數排卵，這樣 1 年的產仔量可比自然情況下的產仔量提高 15 倍以上。2000 年 10 月，位於內蒙古自治區錫林郭勒盟烏拉蓋開發區的阿爾善農牧科技有限公司實施世界首例萬枚優質種羊胚胎移植工程。為了進行這次特大規模的胚胎移植工程，屹昌科技集團和美國 CCI 集團兩家外資企業第一期投入資金 1 億多元人民幣，在 100 多平方公里的內蒙古天然草場上建立了 5 萬平方公尺的胚胎移植中心和飼養場。2003 年 4 月 8 日，《光明日報》報導中國第一個良種羊胚胎移植工程實驗基地在河北省臨西縣建成，使波爾山羊養殖成為該縣一大支柱產業。2015 年，闞向東報導在西藏地區利用胚胎移植技術繁育薩福克肉用綿羊種羊成功，促

進了當地肉用羊產業發展。2016 年，蔡周山等報導在涼州區 27 個鄉鎮推廣胚胎移植技術，以西雜母牛為受體，共移植高產乳牛冷凍胚胎 1,796 頭，結果妊娠 971 頭，平均妊娠率 54.06%，繁活犢牛 952 頭。

　　中國科學院遺傳研究所曾和內蒙古三北種羊場合作，使用超數排卵技術，使一頭 7 歲半的黑色三北羔皮羊一次排 18 個卵。這些卵受精後，移植到白色蒙古羊體內，結果產出了 11 頭三北羔皮羊。近年來，胚胎移植水準進一步得到了提高，每頭供體牛獲得的可用胚胎平均數為 5 ～ 9 枚，新鮮胚胎移植平均受胎率為 50% 左右。不僅如此，中國在移植分割胚胎方面也小有成就。將胚胎分割成幾塊，再分別進行移植，可進一步擴大良種家畜的繁殖力。西北農業大學將牛胚胎一分為二，分別發育成兩頭牛犢。中國科學院遺傳研究所則將牛胚胎一分為四，分別繁育成了四頭牛犢。

　　由澳大利亞生物學專家和中國農業大學張忠誠教授率領的、15 名生物工程博士、碩士和研究人員參加的工作組，利用「借腹懷胎」技術，採用先進的胚胎解凍等生物工程手段，將 1 萬枚胚胎全部移植到當地羊的母體中，從而使整個工程圓滿完成。進行移植的胚胎是由中國和澳大利亞專家利用中國的試管胚胎技術在澳大利亞實驗室生產的，移植的胚胎品種包括綿羊品種薩福特、無角陶塞特、得克賽爾以及波爾山羊。它們具有個體大、成長快、產肉率高、肉味鮮美等特點。這些優質羊的胚胎將在當地母羊的腹中孕育、出生，

從而迅速建立起適應當地自然環境的優良種群。

　　胚胎移植技術不僅應用於良種家畜的快速繁殖，在動物育種方面也有一席之地。比如，超級鼠、超級豬的培育。在體外進行遺傳改造的轉基因動物的卵子或早期胚胎，都要重新回到母體內才能正常生長發育，所以動物胚胎移植也是利用動物基因工程育種中不可缺少的一部分。

4. 試管嬰兒　解決不孕

　　自古就有「天倫之樂」之說，一家人聚在一起，其樂融融。然而，對於那些沒有孩子的家庭來說，就享受不到這種樂趣了。

　　中國中央電視臺《實話實說》節目曾報導，家住遼寧盤錦的張秀榮和丈夫劉福金本來有一個幸福、美滿的家庭，但天有不測風雲，他們唯一的 24 歲兒子在車禍中喪生，夫婦倆痛不欲生。他們想再生一個孩子，可是在此之前，張秀榮就已經做了雙側輸卵管結紮術，而且已是人到中年，夫婦倆想靠自然受孕的方法根本無法實現生子的願望。

　　1997 年 12 月，夫婦倆懷著一線希望來到瀋陽市的一家醫院就診。醫生接診了這對夫婦，聽過他們的經歷後，深表同情。為倆人仔細檢查後，醫生發現雙方都具備良好的生育條件，建議他們實施科學助孕手術。夫婦倆當即表示同意。1998 年 1 月 17 日，醫生為張秀榮實施了手術。張秀榮成功妊娠，孕期一切正常。到了同年 10 月 1 日，張秀榮開始分娩了。

　　當日 8 時，張秀榮被送入產房做剖宮產手術。8 時 50 分，一個胖乎乎、非常可愛的健康女嬰誕生了。女嬰重 3,900 克，身長 51 公分。她不是一個經過自然妊娠分娩的普通嬰兒，而是一個試管嬰兒，也就是靠體外受精和胚胎移植技術來到這個世界上的。張秀榮靠科學圓了再做母親的夢，年近半百，喜得千金。劉福金難以掩

飾心中的激動，更讓他高興的是，父女的生日竟是同一天，他高興地給女兒取了個名字：「同慶」。

這就是媒體報導的試管嬰兒「同慶」的故事，其實天下有許多夫婦與「同慶」父母的遭遇類似。2003 年，李女士因輸卵管阻塞和多囊卵巢綜合症在第四軍醫大學唐都醫院生殖醫學中心進行試管嬰兒技術助孕治療。當年 8 月，她成功取卵 12 枚，形成 12 枚胚胎，移植 2 枚，冷凍 7 枚。當月助孕成功，2004 年產下一名體重 2,900 克的健康男嬰。剩下的 7 枚胚胎一直保存在唐都醫院。2015 年，李女士想透過凍融胚胎技術生二胎。經過一系列檢查，她的身體條件適合再次接受試管嬰兒技術助孕。經過胚胎解凍復甦後，7 枚胚胎有 3 枚存活。醫生從中選擇 2 枚移植，成功助孕。2016 年 2 月 24 日，也就是相隔 12 年後，40 歲的李女士再次剖腹產下一名體重 3,440 克的健康男嬰。

據統計，目前有 10% ～ 15% 的育齡夫婦患有不孕症，使雙方感情十分緊張。當然，有些不孕症可透過藥物或手術治癒，可對於一些複雜的不孕症患者，藥物或手術就顯得無濟於事。另外，一些本來有生育能力的夫婦，因為忙於事業或其他原因年輕時不要小孩，等到年紀大了幡然醒悟時，發現為時已晚。

現代試管嬰兒技術發展很快，已經到了第三代。試管嬰兒的代數是根據技術的難易和操作的層次來劃分的。

第一代試管嬰兒技術，又叫體外受精聯合胚胎移植技術，主要

解決女性不孕，譬如，輸卵管結紮或不暢等。它是透過人工方法提取父親的精子和母親的卵子，然後在體外受精，形成胚胎，再移植到母親的宮腔內進行發育。

第二代試管嬰兒技術，又叫卵細胞漿內精子注射技術，精子進入卵子是透過人工完成的，比第一代要難得多，主要解決男性不育，比如，男性無精、嚴重少精、弱精、精子畸形、阻塞性無精。它的技術難度主要在於尋找精子，有些男性患者精子極少，需透過對副睪和睪丸穿刺，尋找藏匿的少數精子，然後借助於顯微操作將精子注射入卵子中，將受精卵在合適的體外條件下培養 6 天後，再移植到母親的宮腔內。迄今江蘇省已有 7 對夫婦透過這一高難度的技術獲得第二代試管嬰兒。

第三代試管嬰兒技術，又叫胚胎移植前基因診斷，或胚胎篩選，主要解決優生，它的技術難度也更高。據科學家統計，目前能夠透過父母遺傳給子代的基因病、染色體病有 8,000 多種，如血友病、鐮刀型貧血症等，過去在女性懷孕 4 個多月時才能透過對羊水、絨毛穿刺檢查，一旦確診後引產，對女性生理、心理損害極大。

利用第三代試管嬰兒技術取出卵子、精子，在體外受精形成多個胚胎，當每個胚胎長到 8 個細胞以上時，從每個胚胎中各取 1～2 個細胞，進行染色體或基因缺陷檢查，將確認沒有缺陷的胚胎植入宮腔內進一步妊娠，這樣生出來的試管嬰兒將免於各種遺傳性疾病。

　　自 1978 年 7 月 25 日，世界上第一個試管嬰兒 Louise Joy Brown 在英國誕生，該技術的發明人羅伯特·G·愛德華茲（Robert Geoffrey Edwards）因此獲得 2010 年諾貝爾生理學或醫學獎。之後，試管嬰兒培育便在各國雨後春筍般發展起來。1988 年 3 月 10 日，中國首例試管嬰兒鄭萌珠在北京醫科大學第三臨床醫學院（現北京大學第三醫院）誕生。試管嬰兒已經被越來越多的人所接受，全世界已有超過 30 萬的試管嬰兒出生。

編按：1985 年 4 月 16 日，臺灣首例同時也是亞洲第一例試管嬰兒「張小弟」誕生。

派翠克·斯特普托（左）和羅伯特·G·愛德華茲（右）實施了世界首例人工授精手術（引自：彭靖，盧大儒. 試管嬰兒技術的發展與探討. 自然雜誌, 2010, 32(6): 338-343）

儘管試管嬰兒已經越來越多地出現，但許多人心中仍有一種抹不去的陰影，認為試管嬰兒不是夫婦雙方自己的孩子，因此即便患有不孕症，也不願讓人知道自己要做試管嬰兒。實際上，試管嬰兒的卵子和精子都來自夫婦雙方。從遺傳學角度講，試管嬰兒和自然妊娠生下的嬰兒一樣，絕對是自己的孩子。

　　美國科學家最新的研究表明，試管嬰兒有很大可能是有先天缺陷的，這是因為培育試管嬰兒要透過一個很重要的過程，即在早期胚胎膜上利用鐳射或微型針鑽一個小孔，以利於將試管培育的早期胚胎順利地植入婦女的子宮中，然後才能實現懷孕。

　　瑞典的隆德醫院透過測試也發現，試管兒童的智商要略低於普通兒童。這家醫院的兒科專家在瑞典南部的斯科納地區，對 1986 年到 1992 年出生的 72 名試管兒童進行了一次廣泛的智商測試。結果表明，這些試管兒童的智商平均要比普通兒童低 3.3%。專家們認為，造成試管兒童智商略低於正常兒童的一個主要原因是，他們之中早產的比例高於正常兒童。在接受測試的 72 名試管兒童中，早產的比例高達 30%。不過這次測試顯示，試管兒童也有不少優點，比如自信心強和能討父母的歡心等。因此，專家們認為，試管兒童完全能與正常兒童一樣健康成長。

　　試管嬰兒中的多胎現象十分突出。自然授精的雙胎和多胎發生率較低，與單胎之比懸殊，雙胎約為 1/66，三胎為 1/8000，三胎以上就更低了。試管嬰兒雙胎發生率為 20.7%，三胎為 4%，三胎

以上為 0.4%，這是試管嬰兒使用促排卵藥物—卵泡刺激素造成的。卵泡刺激素用量愈大，成熟的卵泡就愈多，這樣就可達到一次取多個卵子受精、移植多個胚胎的目的。雖每次移植的胚胎數較多，但由於胚胎的生存力不同，子宮的環境不同，多數情況下只有一個胚胎存活。當移植的數個胚胎生命力都很強，子宮內膜發育也好，就會形成多胎。

　　試管嬰兒男多女少，存在性別失衡現象。據 2016 年 3 月 22 日《光明日報》報導，中國農業大學田見暉教授的研究組發現利用體外受精技術培育的小鼠後，體外受精胚胎存在 X 染色體失活不足問題，推斷這可能是導致試管嬰兒性別失衡的主要原因。

　　隨著男性不育和女性不孕人群的比例在逐年增長，將會有越來越多的家庭選擇試管嬰兒技術得到自己的小寶寶，但一定要注意儘量避免多胎和性別失衡，以便於優生優育，提高整個社會的人口素質。

5. 人工種子　技高一籌

　　利用植物的葉尖、莖尖等組織在試管裡進行的快速無性繁殖技術，具有繁殖速度快、生產量大、可以避免植物病毒感染、不受季節和環境條件限制、適於工廠化生產等優點，因而在生產上得到了廣泛應用，取得了可觀的經濟效益。這種試管苗的生產在技術上也存在一些缺陷，比如需要經過誘導生根、移栽鍛煉、包裝、儲運等一系列複雜過程才能在生產上發揮作用。相反，人工種子在這方面具有很多優越性。

　　什麼是人工種子呢？人工種子又稱「人造種子」、「合成種子」、「體細胞種子」，是細胞工程中比較新的一項新興實用技術，最初是由英國科學家 Murashige 在 1978 年第四屆國際植物組織細胞培養大會上提出來的，並引起了學術界廣泛關注。他認為利用體細胞胚發生的特徵，把它包埋在膠囊中，可以形成種子的性能並直接在田間播種。這一設想引起了人們極大興趣。1985 年，日本學者 Kamada 首先將人工種子的概念進行延伸，認為使用適當的方法培養所獲得的可發育成完整植株的分生組織（芽、癒傷組織、胚狀體和生長點等）可取代天然種子播種的顆粒體均為人工種子。1986 年，Redenbaugh 等成功地利用藻酸鈉包埋單個體細胞胚，生產人工種子。1998 年，中國科學家陳正華等將人工種子的概念進一步擴展為：任何一種繁殖體，無論是塗膜膠囊中包埋的、裸露的或經

過乾燥的，只要能夠發育成完整植株的均可稱之為人工種子。之後，人工種子在中國逐漸發展起來。2003 年，楊連珍報導了香蕉人工種子的製備工藝。2010 年，李愛貞等報導胡蘿蔔人工種子包衣材料的篩選。2016 年，周寶珍報導鐵皮石斛人工種子製作過程。

我們知道，天然種子是由種皮、胚、胚乳等部分組成的，其中胚是種子的關鍵，可以發芽，胚乳僅在胚萌發時提供營養。在植物組織培養中，由培養的一小塊葉尖、莖尖、原生質體等形成的癒傷組織，可以誘發胚狀體形成。胚狀體具有極性，也就是說具備了芽和根的發育條件。與天然種子的胚雖然起源不同，功能卻是相同的，種到土壤裡以後，可以像天然種子那樣萌發、生根、長成完整的植株。與種子中的胚是由生殖細胞發育來的不同，胚狀體是由體細胞發育來的，故保持了原品種的優秀性狀。

既然體細胞性質的胚狀體具有再生完整植株的潛能，何不把它直接利用從而簡化組織培養的操作過程呢？於是，科學家們想出了利用胚狀體製備人工種子的理念。這項研究是從 20 世紀 80 年代初開始的，經過 30 多年研究，現在已經有了一些成功經驗。

其實，人工種子就是經過人工包裹的單個體細胞胚，結構與天然種子是相似的。作為人工種子，首先應該有一個發育良好的體細胞胚，也就是說，這個胚具有發育成完整植株的潛能。體細胞胚可以從組織培養或細胞培養中獲得。光有胚還不行，胚萌發需要營養，因此還要有供給胚萌發所需營養的人工胚乳。在製造人工胚乳時，

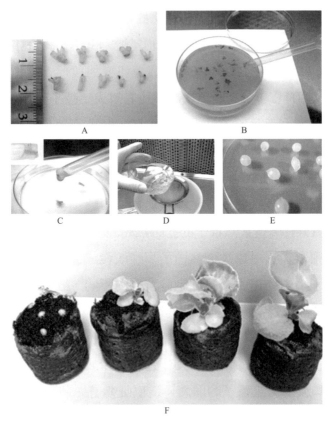

海棠試管苗的包衣、萌發和生長
A—從體外培養的海棠切下的試管苗外植體（長 4～8 毫米）；
B—外植體浸入海藻酸鈉溶液 2 分鐘，然後分別吸入一支無菌的一次性吸管，裡面有足夠的海藻酸鈉溶液供包衣；
C—每一外植體 / 海藻酸鈉結合體釋放到含有 CaCl2·H2O 的培養皿中，放置 30 分鐘或 45 分鐘；
D—混合物倒入無菌培養皿，氯化鈣從新形成的人工種子（包衣外植體）中消失了，然後用無菌水洗滌人工種子至少 3 次，以除去殘留的 CaCl2·H2O；
E—人工種子倒入無菌培養皿；F—人工種子在土壤中萌發，逐漸長大。
（編譯自：Sakhanokho HF.Alginate encapsulation of begonia microshoots for short-term storage and distribution.Scientific World Journal, 2013, 2013: 341568）

科學家們多了一點巧思，在人工胚乳中順便加入了防病蟲物質和植物激素等成分，這樣可以保證將來的幼苗能夠更快更健康地成長。另外，需要把體細胞胚和人工胚乳包裹起來，這就是人工種皮。它一般是用高分子材料製成的，可以保護體細胞胚和人工胚乳裡的水分不至於散失，還可以防止外界物理因素的損傷。透過人工的辦法把體細胞胚、人工胚乳和人工種皮這三個部分組裝起來，便可創造出人工種子。

人工種子和天然種子在形態、功能等方面是相似的。在本質上，人工種子與用於快速繁殖的試管苗同源，都是無性繁殖的產物。這就決定了它有許多優越性。

人工種子的優越性表現在：第一，透過植物組織培養生產的體細胞胚具有數量多、繁殖速度快、結構完整的優點，對那些名、特、優植物有可能建立一套高效快速的繁殖方法；第二，體細胞胚是由無性繁殖方式產生的，一旦獲得優良遺傳性狀，可以保持雜交優勢，這樣一些優秀的雜交種子就省去了代代製種的麻煩，可以大量地繁殖並長期加以利用；第三，對於一些不能透過正常有性繁殖方式加以推廣利用的良種作物，比如三倍體植株、多倍體植株、非整倍體植株等，可透過人工種子技術在較短的時間內實現大量繁殖和推廣；第四，透過基因工程技術和細胞融合技術獲得的極少珍貴優良品種，也可以透過人工種子技術在短時間內快速、大量繁殖；第五，在人工種子製備過程中，可以加入某些營養成分、農藥、激素和有益微

生物，以促進植物的生長發育。

　　此外，由於人工種子是單細胞起源的，遺傳性穩定，在製備過程中可進行多個層次的改造，比如導入外源基因，使發育出來的植株具有新的優秀品質；再如在胚狀體外層加上農藥、殺蟲劑等化學物質，使發育出來的植株具有抗病性能。

　　人工種子可應用於快速繁殖、提高種子的發芽率以及簡化像無籽西瓜這樣的三倍體不育作物的複雜育種過程等方面。目前，人工種子的開發已是碩果累累：國外已研製成功芹菜、萵苣、胡蘿蔔和花椰菜等的人工種子，諸如芹菜這樣的人工種子已應用於生產，取得了經濟效益；中國已研製成功水稻和芹菜等的人工種子，並可使人工種子在土壤中萌發和長成幼苗，從而為大田推廣開闢了廣闊前景。此外，在名貴花卉生產以及人工造林中，人工種子的優越性也十分明顯。

　　正是由於人工種子在簡化快繁技術程式、降低成本以及便於貯存、運輸和機械化播種等方面表現出的優越性，人們普遍認為，它是一個優於試管苗的理想快速繁殖技術。

　　人工種子的使用可以節約大量的糧食。統計表明，中國每年種子的用量可達 150 億公斤，幾乎可供近 1 億人一年的口糧。而一株植物的嫩芽就可製出百萬粒人工種子，可節約大量的糧食。

6. 多倍體　生物育種

　　人類體細胞的染色體有 23 組，其中 22 組體染色體，1 組性染色體。性染色體決定著人類的性別。每一組體染色體由兩條相同的染色體組成，性染色體也是兩條，在女性是 XX，在男性是 XY。因此，人類的體細胞是二倍體。精子或卵子裡的染色體數僅是正常體細胞的一半，所以它們是單倍體。但受精後形成的合子，由於精子和卵子的染色體合在一起，又變成了二倍體。這種二倍體的受精卵發育成胚胎。保證了人類體細胞裡的染色體數永遠是 23 對，否則就會患上遺傳性疾病。

　　當然，自然界裡也有少數動物例外，比如，昆蟲中的蜜蜂，其雄蜂就是由單倍體的卵細胞發育來的。這是常態，它有正常的生活能力。一般來說，單倍體的個體比二倍體的親代細弱，生活能力差，且

二倍體植株與單倍體植株比較
左為二倍體植株，染色體數為 2n，植株高大，長勢旺；右為單倍體植株，染色體數為 n，植株矮小，長勢差
（引自：Sundaram Kuppu, et al.Point Mutations in Centromeric Histone Induce Post-zygotic Incompatibility and Uniparental Inheritance.PLoS Genetics,2015, 11(9): e1005494）

不能生兒育女。多倍體就不一樣了。三倍體及以上的生物體稱為多倍體，不過在動物中十分罕見，而在植物中比較普遍。許多植物可以透過染色體加倍的方式形成新的物種。

多倍體植物的性狀跟原來的二倍體植物往往有所不同。一般來說，四倍體的氣孔、花、果實和種子要比二倍體大，葉肉較厚，莖稈較粗壯，代謝產物也有明顯變化，比如四倍體的黃玉米中類胡蘿蔔素含量比原來的二倍體增加了 43%，四倍體的番茄所含維生素

馬鈴薯（a，b）及紫花苜蓿（c，d）的二倍體（2×）和四倍體（4×）植株外觀比較
a—四倍體馬鈴薯植株（4×）比二倍體馬鈴薯植株（2×）大；b—四倍體馬鈴薯葉子（4×）比二倍體馬鈴薯葉子（2×）大；c—四倍體紫花苜蓿花（4×）比二倍體紫花苜蓿花（2×）大；d—四倍體紫花苜蓿葉子（4×）比二倍體紫花苜蓿葉子（2×）大
（譯自：Riccardo Aversano, et al.Molecular tools for exploring polyploid genomes in plants.International Journal of Molecular Sciences, 2012, 13(8): 10316-10335）

C 比普通二倍體高出大約 1 倍，三倍體甜菜的含醣量比二倍體增加 14.9%。這些特性正是人類所需要的，所以植物的多倍化也是培育優良作物品種的重要途徑。

目前，多倍體育種主要有兩條途徑，一是透過原種或雜交染色體沒有減數的生殖細胞受精後產生的，另一是透過原種或雜交生殖細胞結合成的合子或體細胞染色體數目加倍形成的。

什麼因素可以促使染色體數目加倍呢？科學家研究發現，主要有三個方面：一是生物因素，如嫁接、遠緣花粉處理、受精異常；二是物理因素，如溫度驟變、放射線照射；三是化學因素，如化學藥物處理。秋水仙素就是一種有效的染色體加倍劑。它的分子式是 $C_{22}H_{25}O_6N$，為淡黃色粉末或針狀結晶，能溶解於水、酒精，屬於劇毒品。秋水仙素誘導形成多倍體的機制在於，阻止細胞分裂過程中紡錘體的形成。紡錘體是一種把染色體平均分配到兩個子細胞中去的裝置。一旦遭到破壞，複製後數目加倍的染色體便留在了一個細胞中。

多倍體有許多優勢，但不是倍數越多越好。科學家研究發現，五倍體以上的植物失去了巨型效應，表現出了明顯的衰退症狀。多倍體育種主要是利用四倍體和三倍體。但三倍體植物無法「生兒育女」，也正是由於這個原因，造成了一些三倍體植物的果實無籽。香蕉是一個典型的自然形成的三倍體，它的果實裡就沒有種子。許多人吃過的無籽西瓜，它也是三倍體。

無籽西瓜是怎樣培育的呢？我們知道，一般食用的西瓜是二倍體。把這種二倍體的西瓜用 0.2% ～ 0.4% 秋水仙素溶液處理後，就會得到染色體數量加倍的四倍體細胞。然後，以普通二倍體西瓜為父本、四倍體西瓜為母本進行雜交，就可以獲得三倍體無籽西瓜的種子。把種子像普通西瓜那樣在大田種植，就可以長出三倍體的無籽西瓜了。如果選擇的品種得當，長出的西瓜大，含醣量也高。

　　多倍體育種也可以在親緣關係相差較大的兩種植物之間進行，比如，八倍體小黑麥的培育。小麥和黑麥是親緣關係相差較遠的兩種植物，人工雜交時結實率很低。透過把小麥與黑麥進行雜交，再設法把獲得的雜交染色體數加倍，就可以獲得能結實的八倍體小黑麥。透過在中國西南邊陲雲貴高原的高寒地區種植，增產效果十分明顯。

　　中國科學院南海海洋研究所成功培育了三倍體珠母貝，處理組培育出貝苗 5 萬多隻，三倍體的誘導率在胚胎發育初期為 90% 以上，貝苗三倍體占 70% 左右，生殖腺外觀和組織學檢查發現三倍體大小、體重和肉重顯著超過二倍體，特別是第一極體形成的三倍體，其殼高、體重和肉重分別增加 13%、44% 和 58%。南海海洋研究所的科學家還首次用三倍體珠母貝培育出了珍珠，育珠初步結果為三倍體脫核率減少 10%，正圓珠增加 21%，在一年的育珠期內，三倍體珍珠的珠層厚度和重量分別增加 44% 和 55%。

　　桑樹多倍體，特別是三倍體，有較好的經濟性狀。利用輻射處

理可以把白桑系二倍體品種的染色體數目加倍,然後與二魯桑二倍體雜交,從而培育出的人工三倍體的大中華桑樹,具有長勢旺、產量高、品質優、抗逆性強、可扦插、易成活等典型的三倍體桑樹的優良經濟性狀。3 年生中等密度栽培的大中華桑樹,畝產葉量超過3000 公斤,與現有主栽的二倍體品種相比,增產 30% 以上,同時桑葉養的蠶繭品質也有所提高。

1997 年,中國農業科學院甜菜研究所成功培育了「甜研單粒2 號」多倍體甜菜雜交種,含醣 15.4%,每公頃產醣 5695 公斤。目前已經黑龍江省農作物品種審定委員會命名和推廣。

2000 年,世界首例異源四倍體鯽鯉魚在湖南誕生。湖南師範大學生命科學院和湖南湘陰東湖漁場一起,應用細胞工程與有性雜交相結合的綜合技術,成功培育出全球首例遺傳性狀穩定且能自然繁殖的四倍體魚類種群,並用這種四倍體魚與二倍體魚雜交,成功地培育出不育的三倍體鯽魚(湘雲鯽)和三倍體鯉魚(湘雲鯉)。由於這種魚不會繁殖後代,三倍體魚也稱為環保魚。它具有生長快、肉質好、可食率高、抗病性強、不育等優良性狀的特點,目前已在中國 20 多個省市大規模推廣養殖,形成了較大的產業規模,取得了顯著的經濟效益。同年 10 月,以中國著名的遺傳育種專家朱作言院士、水生生物專家林浩然院士以及細胞生物專家翟中和院士為首的鑒定委員會認為,這一成果標誌著中國科學家在魚類多倍體育種的理論和應用方面均取得了創造性的突破,居國際領先水準。

2007 年，湖南師範大學生命科學學院的劉少軍等報導，用雌性二倍體紅鯽魚與雄性二倍體團頭魴雜交以及同它們的後代雜交獲得了三倍體、四倍體、五倍體雜交魚。相反，用雄性二倍體紅鯽魚與雌性二倍體團頭魴雜交則沒有存活。獲得的四倍體雜交魚能自然繁殖，三倍體雜交魚成為新的經濟魚種。

　　2013 年，山西農業大學農學院的楊娜等，採用秋水仙素瓊脂醣凝膠塗抹法，處理亞洲棉幼苗莖尖生長點，獲得亞洲棉同源四倍體植株。2015 年，廊坊師範學院生命科學學院的孔紅等，利用不同濃度的秋水仙素溶液處理非洲鳳仙扡插苗，獲得了同源四倍體，在形態學和細胞學上與二倍體具有明顯差異。2016 年，楊淩職業技術學院生物工程分院的楊振華利用秋水仙素處理甘草萌動的種子，進行多倍體育種。

　　多倍體育種這一技術雖然二十世紀初就有了，但至今仍在廣泛應用。世界各國利用這種方法創造了不少新品種。除了上面提到的多倍體新品種外，其他三倍體新品種有高大的三倍體山楊、體重是普通螃蟹 3 倍以上的三倍體螃蟹等。四倍體新品種有含膠量高的四倍體橡膠草、四倍體葡萄、四倍體飼料用蕪菁等。

　　多倍體育種的潛力還很大，隨著時間推移，還會有越來越多的多倍體新品種出現。

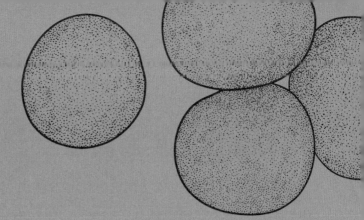

第六章

方興未艾的
細胞移植治療

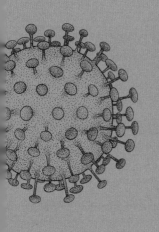

1. 幹細胞　生命之源

　　幹細胞中的「幹」是「樹幹」、「起源」的意思。樹枝、葉子、花、果實等都是從樹幹發育分化來的，樹幹是它們的起源。幹細胞是其他所有細胞（如肌肉細胞、神經細胞、脂肪細胞等）的來源，從這個角度講，幹細胞是當之無愧的「生命之源」。

　　幹細胞是怎麼被發現的呢？這要追溯到 1867 年，德國實驗病理學家 Julius Friedrich Cohnheim 在研究傷口炎症時發現了幹細胞，並首次提出骨髓幹細胞概念。

　　1974 年，Alexander Friedenstein 及其同事第一次從骨髓中分離出了這種幹細胞，證實它與大多數骨髓來源的造血細胞不同，可快速貼附到體外培養容器上，能產生纖維細胞樣選殖，在體外培養中呈旋渦狀生長，具有自我複製更新能力。Friedenstein 及其同事

最初發現幹細胞的德國實驗病理學家：
Julius Friedrich Cohnheim
（引自：Philippe Hernigou.Bone
transplantation and tissue engineering,
part Ⅳ . Mesenchymal stem cells：
history in orthopedic surgery from
Cohnheim and Goujon to the Nobel Prize
of Yamanaka.International Orthopaedics,
2015, 39(4): 807-817）

還證實，每個幹細胞可形成不同的選殖，並且幹細胞增殖數與集落數之間有線性關係。每個幹細胞就是一個成纖維細胞樣集落形成單位（colony-forming unit fibroblast，CFU-F），可用染色體標誌物、3H-胸腺嘧啶核苷標記、延時照相和泊松分佈統計來進行研究。Friedenstein 鼓勵其他科學家和醫生進行幹細胞移植應用，治療一些重大疾病。

1991 年，Arnold Caplan 將這種骨髓細胞正式命名為「間質幹細胞」（mesenchymal stem cell，MSC）。他認為，這種骨髓來源的間質幹細胞具有分化為骨、軟骨、肌肉、骨髓基質、肌腱／韌帶、

首次分離培養了間質幹細胞的科學家：Alexander Friedenstein
（引自：Philippe Hernigou.Bone transplantation and tissue engineering, part IV . Mesenchymal stem cells; history in orthopedic surgery from Cohnheim and Goujon to the Nobel Prize of Yamanaka.International Orthopaedics, 2015, 39(4): 807-817）

脂肪和其他結締組織的潛能。2005年，國際細胞治療協會宣佈，首字母縮寫詞「MSC」為多潛能間質基質細胞。所以，骨髓間質幹細胞有時也稱為「骨髓基質細胞」。

　　幹細胞真正的研究開始於20世紀60年代。1963年，加拿大科學家McCulloch和Till首次證明血液中存在幹細胞，並發現造血幹細胞能分化成數百種不同類型的人體組織細胞。1981年，Kaufman和Martin從小鼠胚泡內細胞群分離出胚胎幹細胞，並建立了胚胎幹細胞適宜的體外培養條件，培育成幹細胞系。進入21世紀，幹細胞研究應用受到極大重視，成為各大媒體競相報導的物件。

　　什麼是幹細胞呢？可以下一個比較嚴謹的定義：幹細胞就是一類具有自我複製更新和多向分化潛能的原始細胞群體。這個定義有兩層意思：一是說，幹細胞具有自我更新複製能力，或者說，幹細胞能夠自我

正式命名骨髓間質幹細胞的科學家：Arnold Caplan
（引自：Philippe Hernigou.Bone transplantation and tissue engineering，part Ⅳ. Mesenchymal stem cells: history in orthopedic surgery from Cohnheim and Goujon to
the Nobel Prize of Yamanaka.International Orthopaedics, 2015, 39(4): 807-817）

繁殖產生新的幹細胞；二是說，幹細胞能夠分化成其他細胞，進而形成組織、器官乃至個體。譬如說，幹細胞能夠分化成具有搏動功能的心肌細胞，或者分化成具有分泌胰島素功能的胰島細胞。所以說，幹細胞是一類年輕的細胞，沒有成熟。

　　幹細胞是一個大家族，它的種類很多，分類方法也有多種。以下介紹兩種主要分類方法。

　　按照分化潛能，幹細胞分為全能幹細胞、多功能幹細胞、多潛能幹細胞和單能幹細胞四種類型。也有人分為三種類型，即全能幹

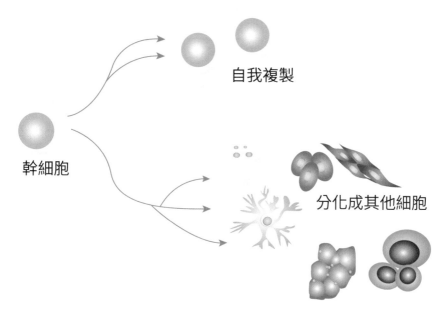

自我複製

幹細胞

分化成其他細胞

幹細胞是能自我複製和分化為其他細胞的細胞

細胞、多能幹細胞和單能幹細胞。但分為四種類型可能更科學一些。現在介紹一下這四種不同的幹細胞。

第一種是全能幹細胞。這是最厲害的幹細胞，也是唯一能發育成整個個體的幹細胞。它能增殖分化成所有組織器官的細胞，並能形成完整個體。這種幹細胞哪裡有呢？可從受精卵到卵裂期32細胞前的細胞分離，這些細胞都是全能幹細胞，也是全能幹細胞的主要來源。此外，生殖細胞也是全能幹細胞。

第二種是多功能幹細胞。它的發育分化能力僅次於全能幹細胞。它能參與向三個胚層多系統分化為成熟組織細胞，如皮膚、神經、肺、肝臟組織、造血細胞、肌肉細胞、成骨細胞等，實現機體多種組織病變或損傷的再生修復與功能重建。胚胎幹細胞是從早期胚胎中分離出來的一類幹細胞，它可以發育成為外胚層、中胚層、內胚層的任何細胞，但不能獨自發育為一個完整的個體，所以是多功能幹細胞。誘導多能幹細胞，又叫 iPS 細胞，是把 Oct3/4、Sox2、c-Myc 和 Klf4 這四種轉錄因子基因選殖入病毒載體再引入小鼠成纖維細胞後誘導產生的，這種細胞在形態、基因和蛋白表達、表觀遺傳修飾狀態、細胞倍增能力、類胚體和畸形瘤生成能力、分化能力等方面都與胚胎幹細胞相似，所以也應是多功能幹細胞。

第三種是多潛能幹細胞。多潛能幹細胞具有分化出多種細胞組織的潛能，但失去了發育成完整個體的能力，也不能發育分化成全部三個胚層的組織器官，發育潛能受到進一步的限制。骨髓造血幹

細胞就是典型的例子，它可分化出至少十二種血細胞，但不能分化出造血系統以外的其他細胞。

第四種是單能幹細胞。單能幹細胞也稱專能幹細胞、偏能幹細胞。這類幹細胞只能向一種類型或密切相關的兩種類型的細胞分化，如上皮組織基底層的幹細胞、肌肉中的成肌細胞。單能幹細胞是發育分化潛能最低的幹細胞，自我更新能力較差。

從理論上講，全能幹細胞可分化為多功能幹細胞、多潛能幹細胞、單能幹細胞，多功能幹細胞可分化為多潛能幹細胞、單能幹細胞，多潛能幹細胞可分化為單能幹細胞，所以在發育分化潛能上，全能幹細胞級別最高，單能幹細胞最低。

按照來源，幹細胞分為胚胎幹細胞和成體幹細胞兩類。

胚胎幹細胞是從早期胚胎（原腸胚期之前）或原始性腺中分離出來的一類細胞，它具有體外培養無限增殖、自我更新和多向分化的特性。無論在體外還是體內環境，胚胎幹細胞都能被誘導分化為機體幾乎所有的細胞類型。胚胎幹細胞研究一直是一個頗具爭議的領域，支持者認為這項研究有助於根治很多疑難雜症，因為胚胎幹細胞可以分化成多種功能細胞，被認為是一種挽救生命的慈善行為，是科學進步的表現。反對者則認為，進行胚胎幹細胞研究就必須破壞胚胎，而胚胎是人尚未成形時在子宮的生命形式，有倫理問題。

成體幹細胞存在於機體的各種組織器官中，來源於臍帶血、骨髓和成體器官組織等，如間質幹細胞、造血幹細胞、神經幹細胞、

脂肪幹細胞、皮膚幹細胞、毛囊幹細胞、角膜緣幹細胞等。成體組織器官中的成體幹細胞在正常情況下大多處於休眠狀態，在病理狀態或在外因誘導下可以表現出不同程度的再生和更新能力。

正是由於各種不同的幹細胞具有發育分化為其他細胞、組織、器官的能力，醫學上把幹細胞稱為萬用細胞，用來治療一些疑難雜症、進行組織器官修復或重建、抗衰老以及美容等。

2. 幹細胞庫　生命銀行

　　白血病俗稱血癌，在臺灣癌症死亡率中，男性與女性死亡率排名皆位居第十位，而小兒血癌更為小兒癌症第一位，發病的人數更逐年增加。白血病的有效治療方法是骨髓移植，但骨髓來源有限，且價格昂貴。於是，人們事先把自己骨髓儲存起來，以備將來使用。這種專門儲存骨髓的機構叫骨髓庫。

　　世界骨髓庫（Bone Marrow Donors Worldwide，BMDW）建立於 1994 年，總部位於荷蘭萊頓市。它是一個志願組織，各國骨髓庫都可自願參加，旨在消除跨國查詢、捐獻和移植的障礙，讓各國骨髓庫交流、討論和共同發展。最大的為美國骨髓庫（National Marrow Donor Program，NMDP），總部設在明尼蘇達州的明尼阿波利斯市，1986 年成立，至今已有 700 多萬名志願者，捐獻方式

人類幹細胞庫

有骨髓捐獻和外周血造血幹細胞捐獻，每年的捐獻量為4000多例。其次為德國骨髓庫（DKMS），有360多萬名志願者，每年有3000多例捐獻。中華骨髓庫（China Marrow Donor Program，CMDP）目前是繼美國、德國、巴西之後的世界第四大骨髓庫，在全中國建立了31個省級分庫（不含港澳）。截至2016年5月31日，中華骨髓庫庫容為2,203,939人，累計有5,695名志願者為患者捐獻了造血幹細胞。

編按：臺灣的骨髓庫，又稱慈濟骨髓幹細胞中心，成立於1993年。截至2023年1月31日止，加入配對資料庫的志願捐贈者為462,704人，配對病患67,697人，移植案例達6,381例。2020年再獲得WMDA世界骨髓捐贈者協會的進階認證，與日本骨髓資料庫共同成為亞洲唯二。

　　骨髓庫又稱造血幹細胞捐獻者資料庫，也接受造血幹細胞捐獻，造血幹細胞是存在於造血組織—骨髓中的一類幹細胞，可以分化成其他各種類型的血細胞，如紅血球、白血球、血小板等。隨著醫學發展，研究人員發現，白血病治療中有效成分主要是骨髓中的造血幹細胞，也有極少量的間質幹細胞發揮作用，所以可從骨髓中直接分離純化出造血幹細胞用於臨床治療白血病。

　　這樣做的優點是：①減少了外源骨髓發生免疫排斥反應的可能，提高了移植成功率，這是因為骨髓成分複雜，外源骨髓中許多成分移植後都可引發免疫排斥反應；②造血幹細胞移植不需要像骨髓移

植那樣配型，簡化了臨床操作程式，因為造血幹細胞是一類原始細胞，免疫原性弱；③骨髓來源極為有限，造血幹細胞來源就豐富多了，提供了更多臨床選擇。嬰兒一出生，可以從臍血或胎盤中提取造血幹細胞，進行保存。臍血或胎盤中的造血幹細胞數量大、活力強，又是「廢物」利用，不用也是作為醫療垃圾丟棄。成人的外周血或骨髓也可提取造血幹細胞，但是會有一定痛苦，而且從成人中提取的造血幹細胞活力相對弱。這些來源的造血幹細胞，無論是自體的還是同種異基因的，都可用於臨床造血幹細胞移植治療白血病。

移植造血幹細胞費用昂貴，一般家庭難以承受。但由於白血病發病具有不可預見性，誰也不知道將來會不會得白血病。這就像去銀行存錢，可以事先把自己的造血幹細胞存起來，需要時再取出來。為了預防萬一，許多家庭選擇在孩子一出生時就把臍帶造血幹細胞儲存起來。

臍帶造血幹細胞庫，俗稱臍帶血庫，是專門提取和保存臍帶血造血幹細胞，並為需要造血幹細胞移植的患者儲備資源和提供幹細胞配型查詢的特殊機構。

迄今為止，全世界已有超過 150 家臍帶血庫，其中歐洲占 40%，北美洲占 30%，亞洲占 20%，大洋洲占 10%。美國是建設臍帶血庫最早的國家，1993 年魯賓斯坦（Rubinstein）在紐約血液中心建立了全球第一個公共臍帶血庫，目前已有 32 家自體臍帶血庫和 31 家公共臍帶血庫。據統計，美國每年儲存約 500,000 份

臍血，約占新生嬰兒 2.6%。歐洲臍帶血庫建設也比較早，目前歐洲擁有世界上最多數量的臍帶血庫，有超過 29 家自體臍帶血庫和 50 家公共臍帶血庫。日本第一家臍帶血庫成立於 1994 年，1999 年成立了臍帶血庫聯盟，目前該聯盟已保存了超過 20,000 份臍血。中國臍帶血庫始建於 1998 年，目前分佈於北京、天津、上海、廣東、四川、山東、浙江，更多省、市臍帶血庫在籌畫與建設中。臺灣臍帶血庫發展很快，目前擁有 10 個臍帶血庫。

像骨髓庫、臍帶血庫這樣負責儲存幹細胞的機構稱為幹細胞庫，因為與銀行業務類似，又叫「生命銀行」。但與銀行不同的是，銀行存錢有利息，幹細胞庫存幹細胞不僅沒有利息，還要交保管費。

儲存幹細胞的液氮罐

對於客戶來說是花錢買保障，以備不時之需，當然也可能永遠用不上，從這一點講，幹細胞庫的業務功能又與保險公司類似。

幹細胞種類繁多，幹細胞庫也有很多種。根據製備儲存的幹細胞種類和來源不同，幹細胞庫可以分為骨髓庫、臍帶血庫、胚胎幹細胞庫、胎盤幹細胞庫、誘導多能幹細胞庫、間質幹細胞庫、乳牙牙髓幹細胞庫、綜合幹細胞庫等。根據提供方式和應用物件不同，幹細胞庫分為公共庫和自體庫。公共庫所儲存的幹細胞是他人捐贈的幹細胞，以滿足需要移植但自體幹細胞沒有保存的患者需要；自體庫則是儲存自身幹細胞，供自己使用。

豐富多樣的幹細胞庫，為疾病治療和人類健康提供了一些保障。

臨床級幹細胞製備與儲存中心

用於幹細胞產品生產的 GMP 廠房

3. 幹細胞　生物藥物

在人體內，幹細胞能夠誘導轉化為其他功能細胞，從而修復或再生機能障礙及缺失的組織器官，達到治療疾病的目的。幹細胞作為藥物，具有副作用小、安全等優點，能夠取得其他治療方法難以達到的治療效果，國外已有數種幹細胞新藥上市。

但受到倫理因素限制，許多企業無法利用人類胚胎幹細胞開發幹細胞療法，或研發的療法很難獲得批准。由於這個原因，人成體幹細胞藥物的研發越來越受到重視，並取得了顯著成果。

2011 年，人成體幹細胞占整個幹細胞市場 80% 以上。成體幹細胞收集過程操作簡單，培養過程中污染的概率小，和人類胚胎幹細胞比起來，人成體幹細胞不存在道德問題，而且人成體幹細胞療法不需要遺傳學上的操作，用藥安全。

人成體幹細胞最大的優勢是基因組非常穩定，其中間質幹細胞來源較豐富，從骨髓、脂肪組織、表皮、血液等組織中均可以分離得到，可生成骨、軟骨、脂肪、血液細胞的前體細胞和纖維結締組織，更具有廣闊的發展前景。由於這些原因，間質幹細胞已成為再生醫學業界在短期內開發商業產品的最佳選擇。

異源細胞治療產品已經被用於移植物抗宿主病、骨髓移植以及糖尿病性潰瘍。更重要的是，異源間質幹細胞療法目前已進入退行性適應症（類風濕關節炎、糖尿病、缺血性心臟疾病、骨關節炎和

肌肉損傷等）治療的臨床 II 期、III 期階段。

美國 Osiris 治療公司主要從事從成人骨髓中獲取間質幹細胞的研究。目前，該公司的產品已經證實具有修復不同種類組織的能力，並為多種疾病，如炎症性疾病、心臟病、糖尿病和關節炎等的創新療法的開發提供了機遇。

Osiris 治療公司已經開發出兩種相對成熟的幹細胞產品—Prochymal 和 Chondrogen，並進行了大量的臨床試驗。Prochymal 是來自骨髓的成體間質幹細胞，具有控制炎症、促進組織再生並阻止疤痕形成的作用。目前，Prochymal 在 4 種疾病治療中進入或已經完成了 III 期臨床試驗，包括移植物抗宿主病和克羅恩病。該藥也能夠用於心臟病發作後的心肌組織修復，保護患 I 型糖尿病患者體內的胰島細胞，以及為患有肺部疾病的患者進行肺部組織修復。Prochymal 在 I 型糖尿病治療中的效果和安全性已經得到美國食品藥品管理局的認可。2010 年 5 月 4 日，美國食品藥品管理局授權 Prochymal 進入 I 型糖尿病的臨床治療中。Chondrogen 主要用於治療關節炎類疾病，目前利用這種藥物進行膝關節炎治療的 I 期臨床試驗已經完成，臨床 II 期試驗正在進行中。

美國 StemCells 公司已經開發出人類神經幹細胞。該公司的產品 hCNS-SC 是一種分離自胎兒腦部的高度純化的人類神經幹細胞，臨床前試驗證實，這種細胞可以直接移植進入中樞神經系統中，能夠分化為神經元和神經膠質細胞，能夠在體內存活長達一年的

時間，而且不會形成腫瘤或發生任何副作用。2009 年 1 月，美國 StemCells 公司完成了該產品治療神經元蠟樣脂褐質症的 I 期臨床試驗。2009 年 11 月，該公司又展開了 hCNS-SC 治療家族性腦中葉硬化，影響幼兒的髓鞘異常疾病的 I 期臨床試驗。該公司還在開發用於治療阿茲海默病和年齡相關黃斑變性的幹細胞療法產品。

由於心血管疾病市場大，開發幹細胞在心血管疾病中的應用是研發重點。未來，可能有多個間質幹細胞產品將獲得批准。美國 Bioheart 公司已經開發出兩種修復心臟損傷的細胞產品，其中，MyoCell 是一種肌肉幹細胞，能夠在患者發生嚴重心臟損傷幾個月或幾年後，改善其心臟功能。澳大利亞 Mesoblast 公司的骨髓間質幹細胞產品已進入 III 期臨床試驗，為臍帶血造血幹細胞療法產品，用於治療心肌梗塞。美國 Baxter 公司的心肌內注射自體造血幹細胞，已進行 III 期臨床試驗，用於提高難治性慢性心肌缺血患者的心肌血流量，減少心絞痛發作。目前的研究結果表明，該產品能修復心臟組織，增加血流量，減少心絞痛發作，並使患者能夠適當鍛煉。

美國 ACT 公司目前主要關注 3 個領域，即視網膜色素上皮細胞、成血管細胞和成肌細胞的重建。在成血管細胞研究領域，ACT 公司目前正在進行臨床前試驗，旨在治療心血管疾病、中風和癌症。目前，該公司已經成功利用人類胚胎幹細胞獲得血管內皮細胞，並成功用於血管修復。成肌細胞研究領域是 ACT 公司從 2007 年開始展開的。2007 年 9 月，ACT 公司收購了 Mytongen 公司，同時接手

了心臟衰竭療法開發的專案。該項目主要利用幹細胞獲得成肌細胞，從而對心臟衰竭造成的心臟損傷進行修復。除了上述已經獲批的幹細胞藥物和產品外，處於臨床中後期的幹細胞藥物和產品還有以色列 Gamida Cell 公司的 StemEx，這是一種異基因幹細胞產品，用於

正在研發的部分幹細胞藥物

產品	產品描述	適應症	開發階段	公司
GRNOPC1	少突膠質細胞祖細胞	脊髓損傷	Ⅰ 期	Geron 公司
GRNCM1	心肌細胞	心臟病	臨床前	
GRNIC1	胰島細胞	Ⅰ 型尿病	研究	
GRNCHND1	軟骨細胞	骨關節炎	研究	
	幹細胞	ADME 藥物篩選	研究	
GRNVAC1/ GRNVAC2	成熟樹突狀細胞	腫瘤免疫治療	研究	
	未成熟樹突狀細胞	免疫排斥	研究	
Osteoblasts	成骨細胞	骨質疏鬆	研究	
Prochymal	骨髓間質幹細胞	激素抵抗的急性移植物抗宿主病	Ⅲ期	Osiris 公司
		急性移植物抗宿主病的一線治療	Ⅲ期	
		難治性克羅恩病	Ⅲ期	
		Ⅰ 型尿病	Ⅲ期	
		肺疾病	Ⅱ 期	
		急性放射綜合征	Ⅲ期 (Animal Rule)	

產品	產品描述	適應症	開發階段	公司
Chondrogen	間質幹細胞	骨關節炎和軟骨防護	II 期	Osiris 公司
Osteocel-XC	間質幹細胞	局部骨再生	臨床前	
Provacel	間質幹細胞	心肌損傷	I 期	
ReN001	中樞神經幹細胞	中風	I 期	ReNeuron 公司
ReN009		外周動脈疾病	臨床前	
ReN003		視網膜致盲性疾病	臨床前	
HuCNS-SC	中樞神經幹細胞	神經元蠟樣脂褐質症	I 期	StemCells 公司
		家族性腦中葉硬化	I 期	
MyoCell®	肌肉幹細胞	II 級／III 級心臟衰竭	II 期／III 期	Bioheart 公司
Osteocel® Plus	間質幹細胞	肌肉骨骼缺陷	III 期	NuVasive 公司
MA09-hRPE	人胚胎幹細胞	隱性黃斑營養不良	美國食品藥品管理局批准臨床試驗	Advanced Cell Technology 公司
成肌細胞	人胚胎幹細胞	心臟衰竭	III 期	
AMR-001	造血幹細胞	ST 段抬高型心肌梗塞	II 期	NeoStem 公司
Ixmyelocel-T	來自骨髓的自體細胞	嚴重肢體缺血和擴張型心肌病	III 期	Aastrom 公司
C-Cure	間質幹細胞	心力衰竭	II／III 期	Cardio 3 公司

白血病和淋巴瘤治療。今後，白血病患者將可以利用自己的幹細胞來進行骨髓移植，而不需要再花費巨大代價去配型，所以也被視為即取即用的治療。

近年來，中國已有不少製藥企業和科學研究單位嘗試研發幹細胞藥物。有些藥物已進行臨床研究。2014 年 3 ～ 4 月份，中國醫學科學院基礎醫學研究所進行的骨髓間質幹細胞對預防急性移植物抗宿主病的研究，完成了非隨機化和隨機化 II 期臨床試驗，適應症針對惡性血液病和移植物抗宿主病。河北貝特賽奧生物科技有限公司的「間質幹細胞心梗注射液」I 期臨床試驗也於 2011 年完成，對幹細胞治療心肌梗塞的安全性和有效性進行了初步評估，適應症包括急性心肌梗塞恢復期心功能不全的患者。

編按： 臺灣行政院會於 2023 年 2 月 16 日通過《再生醫療法》與《再生醫療製劑條例》，成為亞洲第三個有專法的國家。臺灣再生醫療發展蓬勃，其中慢性腦中風幹細胞治療新藥，於 2023 年完成 II 期臨床收案，治療乾眼症新藥於也於同年完成 III 期臨床試驗。

幹細胞藥物研究至今，國外已有多種幹細胞新藥上市，並有不少新藥處於 III 期臨床研究階段。已批准上市的部分幹細胞藥物舉例見下表。

估計未來人們可以用自身或他人的幹細胞、幹細胞衍生組織和器官替代病變或衰老的組織和器官，並可以廣泛用於治療當前醫學

方法難以醫治的多種頑症，如白血病、淋巴瘤、惡性貧血、早老性癡呆、帕金森病、糖尿病、肝硬化、中風和脊髓損傷等一系列目前尚不能治癒的嚴重疾病。

已批復上市的部分細胞藥物

國家和地區	時間	商品名／公司	來源	適應症
歐盟藥品管理局	2009.10	ChondroCelect（比利時 TiGenix 公司）	自體軟骨細胞	膝關節軟骨缺損
美國食品藥品管理局	2009.12	Prochymal（Osiris 公司）	人異基因骨髓來源間質幹細胞	GVHD 和 Crohn 病
澳洲治療商品管理局	2010.07	MPC（Mesoblast 公司）	自體間質前體細胞產品	骨修復
韓國食品藥品管理局	2011.07	Hearticellgram-AMI（FCB-Pharmicell 公司）	自體骨髓間質幹細胞	急性心肌梗塞
美國食品藥品管理局	2011.11	Hemacord（紐約血液中心）	臍帶血造血母細胞用於異基因造血幹細胞移植	遺傳性或獲得性造血系統疾病
韓國食品藥品管理局	2012.01	Cartistem（Medi-post 公司）	臍帶血來源間質幹細胞	退行性關節炎和膝關節軟骨損傷
韓國食品藥品管理局	2012.01	Cuepistem（Anterogen 公司）	自體脂肪來源間質幹細胞	複雜性克羅恩病併發肛瘻
加拿大衛生部	2012.05	Prochymal（Osiris 公司）	骨髓幹細胞	兒童急性移植抗宿主疾病（GVHD）
歐盟藥品管理局	2015.02	Holoclar（義大利 Chiesi Farmaceutici 公司）	角膜上皮細胞（含幹細胞）	成年患者的中度至重度角膜緣幹細胞缺陷處理

4. 幹細胞　臨床應用

　　幹細胞之所以引起國內外廣泛關注，是因為它在臨床上的巨大應用潛力。對於某些傳統藥物（包括西藥、中藥）無效或療效不佳的疑難疾病，幹細胞具有較好的療效。而且，幹細胞移植治療的臨床應用廣泛，涉及血液系統疾病、神經系統疾病、免疫系統疾病、心血管系統疾病、消化系統疾病、抗衰老以及其他臨床研究領域，這是其他任何一種藥物都無法媲美的。

　　凡是原發於造血系統的疾病，或影響造血系統並伴有血液異常改變，以貧血、出血、發熱為特徵的疾病，稱為血液系統疾病，簡稱血液病。為了讓病重患者儘快恢復造血功能，挽救生命，就需要移植造血幹細胞。造血幹細胞（包括臍帶血造血幹細胞）移植是治療血液系統疾病的安全有效方法，但由於該技術難度大、風險高，對醫療機構的服務能力和人員技術水準有較高要求。

　　來自歐洲的急性白血病工作組（ALWP）的未發表資料提示，1996 ～ 2001 年，2100 例接受自體外周血幹細胞移植的完全緩解期急性髓系白血病患者，5 年無白血病生存率、總生存率、復發率、移植相關病死率分別為 43%、76%、53% 和 9%，而以化療作為鞏固強化方案的療效遠低於以上資料，即便是化療後完全緩解期低危患者無病生存率都低於 40% ～ 60%。美國莫菲特癌症中心 Anasetti 博士等研究人員展開了一項Ⅲ期、隨機、多中心臨床試驗，比較非

親緣供者外周血幹細胞移植和骨髓移植的 2 年生存率。共有 551 例白血病患者，按 1：1 的比例隨機分組分別接受外周血幹細胞移植或骨髓移植，結果顯示，外周血組 2 年總生存率為 51%，與之相比骨髓移植組則為 46%。研究人員發現，外周血組和骨髓移植組的總移植失敗率分別為 3% 和 9%。由解放軍總醫院第一附屬醫院與國家幹細胞工程技術研究中心合作的研究表明，低強度預處理的半相合造血幹細胞與臍帶間質幹細胞聯合移植治療重型再生障礙性貧血可以顯著提高療效，同時降低併發症的發生。近年來，造血幹細胞移植的適應症範圍擴大，對很多難治性疾病都取得了有效的嘗試，並獲得了較好的療效。

幹細胞可以分化成神經元和神經膠質細胞，使損傷的神經軸突、多種胞外基質和髓鞘再生，保持神經纖維功能的完整性，因此可用於治療神經系統疾病。已報導的幹細胞治療神經系統疾病有肌萎縮側索硬化、多發性硬化、脊髓損傷、帕金森病、精神分裂、腦梗塞後遺症、小腦萎縮、腦性癱瘓、腦中風後遺症、顱內血腫後遺症、偏癱、老年癡呆、共濟失調、重症肌無力等。

Jiang 等對 20 例脊髓損傷的患者進行了間質幹細胞移植治療，結果顯示患者感覺、運動、自主神經功能都得到了明顯改善。Honmou 等報導的腦中風患者臨床試驗發現，自體骨髓間質幹細胞移植 1 周後可以縮小約 20% 的病灶體積，移植組患者有不同程度的神經功能恢復，肯定了骨髓間質幹細胞移植的效果及安全性。中國

有醫院採用患者自體間質幹細胞移植治療了 127 例脊髓損傷和 25 例缺血性腦損傷患者，發現間質幹細胞移植治療安全有效，術後回訪症狀均有改善，運動和感覺功能均有不同程度恢復，以傷後 1 個月內接受幹細胞移植者效果最明顯，傷後時間越長，療效越不顯著，但均無不良反應。同時，其他研究人員對其他神經系統疾病的幹細胞移植研究，也證明了幹細胞治療的安全性和有效性。

國內外均有臨床研究表明，移植間質幹細胞能明顯改善類風濕性關節炎患者的症狀。Wang 等進行的一項最新研究探索了類風濕性關節炎患者間質幹細胞治療的有效性和安全性。總共有 172 名經傳統治療效果欠佳的類風濕性關節炎患者，隨機分為兩組—傳統抗風濕藥物組和臍帶間質幹細胞組。結果發現，移植中和移植後均沒有明顯的不良反應，且疾病得到明顯緩解。Liang 等使用異體來源的間質幹細胞治療 15 例難治性系統性紅斑狼瘡患者，觀察其療效和安全性。結果表明，經間質幹細胞治療後，所有患者的臨床症狀明顯改善，疾病活動指數和 24 小時尿蛋白明顯減少，治療過程中未發現與治療有關的不良反應。目前，歐洲和北美的多個研究機構都開始了幹細胞治療系統性硬化 II、III 期臨床研究。例如最新的臨床試驗 ASSIST 研究是一項北美 II 期臨床試驗，用於評價自體幹細胞移植在系統性硬化使用中的安全和有效性。結果表明，儘管移植相關死亡風險較高，但其長期生存獲益顯著。

近年來，中國在人羊膜間質幹細胞治療大鼠 I 型糖尿病方面

取得了重要進展。透過尾靜脈、肝門靜脈以及腎包膜下的移植治療實驗，發現人羊膜間質幹細胞可以明顯降低糖尿病大鼠的血糖水準，減輕糖尿病症狀，透過體內定位跟蹤發現幹細胞可以歸巢於胰腺損傷部位，進行胰島修復，所有患糖尿病的大鼠均得到了有效治療。目前，正在進一步進行臨床研究。

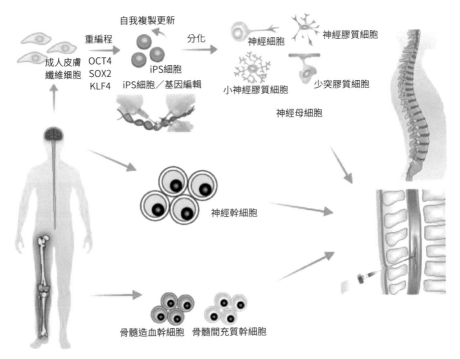

幹細胞移植治療肌萎縮側索硬化症
（編譯自：Changsung Kim, et al.Amyotrophic lateral sclerosis-cell based therapy and novel therapeutic development.Experimental Neurobiology, 2014, 23(3): 207-214）

一些幹細胞被用來治療心血管系統疾病，已報導的包括胚胎幹細胞、間質幹細胞、內皮母細胞、CD133+ 細胞、心臟幹細胞、臍血幹細胞、脂肪幹細胞、iPS 細胞等。

骨髓間質幹細胞在臨床上對心力衰竭患者的療效首次被黑爾（Hare）等證實。他將 30 位左室功能不全的缺血性心肌病患者經心內注射自體和異體骨髓間質幹細胞治療，劑量分別為 2×107、1×108 和 2×108 個細胞。30 天內，1 患者因心力衰竭住院。明尼蘇達心力衰竭生活品質調查問卷顯示，自體骨髓間質幹細胞移植後 6 分鐘步行試驗評分明顯改善。維托威克（Vrtovec）等研究者將左室收縮功能不全的非缺血性擴張型心肌病患者分為移植組（28 例）和對照組（27 例）。移植組向冠脈內輸注 CD34+ 幹細胞治療，追蹤 1 年後，結果發現 CD34+ 幹細胞移植組患者的總死亡率顯著降

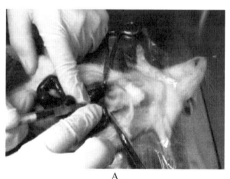

A   B

王佃亮等向大鼠肝門靜脈注射移植幹細胞進行糖尿病治療研究
A—透過外科手術注射移植幹細胞；B—術後的大鼠

低。隨後，該團隊研究 CD34+ 幹細胞對擴張型心肌病患者的長期療效，5 年的觀察顯示，接受 CD34+ 幹細胞治療的患者心力衰竭死亡率相比對照組顯著降低。兩次研究結果說明，CD34+ 幹細胞能顯著改善心室重構、運動耐受能力，並且能影響長期預後。

某些消化系統疾病可用幹細胞治療，包括克羅恩病、肝硬化等。

克羅恩病是一種原因不明的腸道炎症性疾病，在胃腸道的任何部位均可發生，但好發於末端迴腸和右半結腸。2012 年，韓國食品藥品管理局批准自體脂肪來源的間質幹細胞治療複雜性克羅恩病併發肛瘻，有幸成為當時世界上獲批的 7 種幹細胞藥物之一。除間質幹細胞外，造血幹細胞移植可改變克羅恩病的自然進程，是不能手術的頑固性克羅恩病患者的重要治療選擇。2008 年，卡西諾提（Cassinotti）等發表了在義大利米蘭進行的自體骨髓造血幹細胞移植治療克羅恩病的 I、II 期臨床研究。該項研究包括 4 例臨床症狀類似的克羅恩病患者，均為採用免疫抑制和抗腫瘤壞死因子治療失敗，其中 2 例還經歷多次外科手術治療。患者的克羅恩病情在細胞移植時均為活動期。自體外周血幹細胞移植時未經任何免疫選擇，全部回輸。移植後 3 個月，所有患者均獲得了臨床症狀的緩解，2 例患者內鏡檢查所見也明顯改善。後期追蹤，3 例患者症狀持續緩解。中國由於存在大量肝病患者，利用各種幹細胞移植治療肝病的臨床研究也展開得比較早且廣泛。來自中國的一項最新臨床研究觀察了幹細胞移植治療肝硬化頑固性腹水的療效，將 39 例肝硬化頑固

性腹水患者分為：對照組 16 例，行常規治療；治療組 23 例，在常規治療基礎上行幹細胞移植。結果表明，幹細胞移植治療肝硬化頑固性腹水有較好近期療效，可進一步推廣使用。

幹細胞治療基於能促進血管新生的優勢可適用於下肢缺血患者。臨床上採用全骨髓細胞、骨髓單個核細胞及外周血單個核細胞移植策略以達到成功的血管新生。目前常用的移植途徑包括經動脈途徑及經肌肉途徑。

Lu 等研究證實，與骨髓單個核細胞比較，骨髓間質幹細胞改善下肢缺血，增加血流量，促進潰瘍癒合的效果更好，提出骨髓間質幹細胞可能是一種更易耐受、更有效的方法。Li 等運用骨髓間質幹細胞治療下肢缺血疾病時，發現對於靜息痛和皮溫等臨床表現有顯著改善。

還有越來越多的科學家研究將幹細胞用於整形美容與抗衰老方面。在整形美容外科手術中，一些幹細胞可以直接替代人工假體美化患者的身體及面部輪廓，對於脂肪移植、疤痕、除皺紋等也有較好的治療效果。幹細胞用於整形美容的優勢是，吸收率低，存活率高，且效果較持久。近年來，幹細胞有代替人工假體成為填充劑的趨勢。

一些臨床試驗結果顯示，幹細胞對整形美容和脂肪組織重建具有一定效果。作為一種軟組織填充劑，自體脂肪幹細胞用於整形美容，既有優勢也有劣勢。由於吸收率高、存活率低和併發症多等原因，限制了其臨床應用。透過不斷改進脂肪獲取技術，加強了脂肪

血管化和存活率。2001 年，Zuk 等發現脂肪組織中除含有已經定型的前脂肪細胞外，還有一種具有多向分化潛力的細胞群，性質與間質幹細胞相似，這種細胞不僅具有分化為骨骼、軟骨、脂肪、心肌、神經等組織的能力，也具有促進傷口癒合、損傷組織再生和減少疤痕形成的能力，能夠對人體已經衰老的皮膚產生良好的修復和美容作用。這種細胞被稱為脂肪來源幹細胞（ADSCs）。透過對衰老皮膚進行自體 ADSCs 治療，使得皮膚厚度有了顯著性增加，真皮中的膠原含量也呈現出顯著性增加現象。有學者對自體 ADSCs 在隆乳術中的應用進行研究，整形效果良好。Park 等研究者將 ADSCs 直接注射到患者面部魚尾紋處的真皮層中，結果發現面部魚尾紋變淺了，皮膚紋理也變細膩了，具有明顯的抗衰老效果。研究表明，自體 ADSCs 能夠分泌大量生長因子，包括表皮生長因子、血管內皮生長因子、成纖維細胞生長因子等，能夠促進人體膠原合成，使皮膚質地發生變化。Yoshimura 等發明了細胞輔助脂肪移植療法（CAL）。它是將自體 ADSCs 與脂肪細胞混合後進行聯合注射移植，能有效地提高脂肪移植的生存期，為脂肪移植提供了一種更好的方法。實際上，在幹細胞臨床應用中，有時也聯合使用兩種不同的幹細胞，如造血幹細胞和間質幹細胞聯合移植，能提高糖尿病的治療效果。

幹細胞還可用於新藥篩選、組織工程種子細胞、組織工程治療、組織損傷修復等領域。

未來，隨著越來越多的幹細胞藥物批准上市，許多現有藥物無

法治療或治療效果不佳的疑難疾病將會得到有效治療。

編按：臺灣研發治療肝硬化、腦中風新藥、退化性關節炎、下肢缺
　　　血（糖尿病足）造成的傷口不癒合、急性心肌梗塞等幹細胞新
　　　藥已進入臨床試驗 II 期。小兒支氣管肺發育不全症，幹細胞新
　　　藥申請已獲得美國 FDA 與臺灣 FDA 核准，人體臨床 I 期試驗
　　　執行中。2021 年 6 月臺灣雙和醫院更以幹細胞新藥治療 6 位
　　　COVID-19 重症病患，讓 3 名重症病患在一個月內康復出院。

5. 免疫細胞　治療腫瘤

　　腫瘤的發生與免疫有關。免疫是什麼？它是人體的一種生理功能。人體內有免疫系統，由免疫器官（骨髓、脾臟、淋巴結、扁桃腺、小腸集合淋巴結、闌尾、胸腺等）、免疫細胞（淋巴細胞、單核吞噬細胞、中性粒細胞、嗜鹼性球、嗜酸性球、肥大細胞、血小板等）和免疫活性物質（抗體、溶菌酶、補體、免疫球蛋白、干擾素、白血球介素、腫瘤壞死因子等）組成。依靠免疫系統，人體可以識別自身物質與異己物質，並透過免疫應答排斥、破壞或消滅異己物質。人體內的異己物質包括外來的細菌、病毒以及自身產生的腫瘤細胞等，這些異己物質由於可誘發機體免疫反應，又稱為抗原。正常情況下，人體也會產生少量腫瘤細胞，但是會被免疫細胞清除掉。

　　既然人體有這麼好的防禦機制，為什麼還會發病呢？這是因為，當人體免疫系統受損或機能發生障礙時，它抵抗異己物質的能力會大打折扣。在這種情況下，提高人體免疫細胞的數量和品質，可以增強免疫細胞殺傷腫瘤的能力。免疫細胞治療正是基於這一原理，從腫瘤患者體內抽取血液，透過體外分離、培養、擴增、啟動等操作步驟，提高免疫細胞的數量和品質，增強患者抵抗腫瘤的能力。

　　近年來，臨床上研究應用的免疫細胞主要有 DC 細胞（Dendritic cells，樹突狀細胞）、CIK 細胞（Cytokine-induced killer cells，細胞因子誘導的殺傷細胞）、NK 細胞（Nature killer cells，自

然殺傷細胞）、CAR-T 細胞（Chimericantigen receptor T-cell immunotherapy，嵌合抗原受體 T 細胞）等。其中，DC 細胞是由美國學者 Steinman 於 1973 年首次在小鼠淋巴結中發現的，因其在成熟時伸出許多樹突狀或偽足狀突起而得名，是迄今所知的以抗原提呈為唯一功能且提呈能力最強大的抗原提呈細胞。所謂抗原，就是任何可誘發免疫反應的物質，抗原提呈細胞就是攝取、處理外來抗原並將抗原資訊提呈給 T 淋巴細胞從而誘發機體免疫應答的一類細胞。

在 DC 細胞被發現後的很長一段時間裡，由於受當時生物醫學技術的限制，人們沒辦法在體外培育更多的樹突狀細胞，且價格昂貴，結果造成對它的研究沒能進一步深入下去。到了 20 世紀 90 年代，人類在生物醫學技術方面取了長足進步，能夠在體外培養DC細胞了，對 DC 細胞的研究才有了突破性進展。20 世紀末，美國率先在人體上展開 DC 細胞免疫治療腫瘤的試驗，結果令人鼓舞。隨後，DC 細胞成了腫瘤生物治療的明星，也成了全世界與癌症奮鬥的科學家們研究的熱點。進入 21 世紀，國內外科學家發現 DC 細胞在治療哮喘等疾病中發揮了很重要的作用，並在臨床上用於多種腫瘤的生物治療。

2010 年 4 月 29 日，美國食品藥品管理局批准了首個癌症治療疫苗 Provenge（Dendreon 公司研製）用於晚期前列腺癌的治療，使該藥成為第一個在美國被批准用於治療癌症的疫苗，開創了癌症免疫治療的新時代。Provenge 疫苗是利用患者自身的免疫系統與惡性腫瘤抗爭，它由載有重組前列腺酸性磷酸酶抗原的腫瘤患者自身

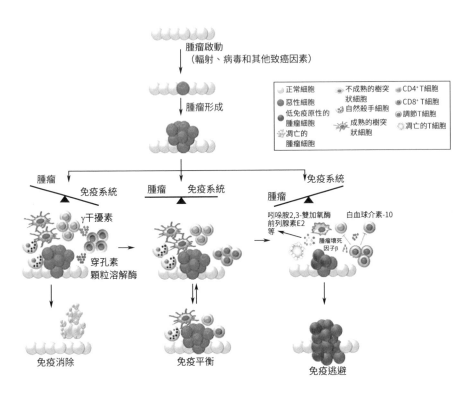

腫瘤啟動
（輻射、病毒和其他致癌因素）

腫瘤形成

正常細胞　不成熟的樹突狀細胞　CD4⁺ T細胞
惡性細胞　自然殺手細胞　CD8⁺ T細胞
低免疫原性的腫瘤細胞　成熟的樹突狀細胞　調節T細胞
凋亡的腫瘤細胞　凋亡的T細胞

腫瘤　　免疫系統　　腫瘤　　免疫系統　　腫瘤　　免疫系統
γ干擾素　　吲哚胺2,3-雙加氧酶 前列腺素E2等　　白血球介素-10
腫瘤壞死因子β
穿孔素 顆粒溶解酶

免疫消除　　　免疫平衡　　　免疫逃避

腫瘤免疫編輯的三個階段

腫瘤的形成是由一些致癌因素（如輻射、病毒、化學致癌劑及其他致癌因素）誘導的突變的積累導致的。在腫瘤最初生長期間，腫瘤細胞需要經歷與免疫系統的動態相互作用，被稱為腫瘤免疫編輯，可分為三個階段。第一階段，免疫清除─腫瘤細胞與免疫系統動態相互作用的平衡傾向於免疫系統。大量的 CD8+ 和 CD4+ T 細胞、自然殺傷（NK）細胞、樹突狀細胞（DC）對腫瘤細胞發揮有效作用。一些可溶性因子（如 γ 干擾素、穿孔素、顆粒溶解酶等）導致腫瘤細胞發生凋亡，癌症消失。第二階段，免疫平衡─腫瘤細胞與免疫系統的動態相互作用處於平衡狀態。免疫系統努力改變平衡，消滅腫瘤，然而腫瘤細胞運用多種機制，企圖避開免疫監視。第三階段，免疫逃避─免疫系統的連續進攻導致腫瘤細胞的免疫原性降低，能夠避開免疫系統。腫瘤有幾個逃避免疫系統的策略，包括誘導 T 細胞凋亡、阻止樹突狀細胞成熟和促進抑制免疫反應的調節 T 細胞（Treg）的發生等。因此，動態平衡向腫瘤一方轉移，腫瘤發展就不受阻礙了。

（編譯自：Sayantan Bose, et al. Curcumin and tumor immune-editing: resurrecting the immune system. Cell Division, 2015, 10: 6）

的神經元 DC 細胞構成。美國傑龍公司的 Grnvac1/Grnvac2 是端粒酶癌症疫苗，它由成熟 DC 細胞、人類端粒酶 RNA 和一部分溶體構成。2013 年 9 月 6 日，歐盟委員會授權 Provenge 疫苗上市，用於治療無症狀或症狀輕微的轉移性男性成人前列腺癌。中國著名免疫學家曹雪濤院士主持展開的體細胞治療性疫苗－抗原致敏的人 DC 細胞（APDC），經過近十年的發展，已經在 II 期臨床試驗中與化療序貫聯用治療晚期大腸癌取得顯著療效，進入臨床 III 期試驗。

編按：臺灣自主研發治療固態癌之免疫療法已於 2014 年 9 月開始 I 期臨床試驗。

CIK 細胞是將人外周血單個核細胞在體外用多種細胞因子（如抗 CD3 單選殖抗體、IL-2 和 IFN-γ 等）共同培養一段時間後獲得的一群異質細胞。它是一種新型的免疫活性細胞，增殖能力強，細胞毒作用強，具有一定的免疫特性。由於同時表達 CD3 和 CD56 兩種膜蛋白分子，又稱為 NK 細胞樣 T 淋巴細胞，兼具有 T 淋巴細胞強大的抗瘤活性和 NK 細胞的非 MHC 限制性殺瘤的優點。

CIK 細胞具有增殖速度快、殺瘤譜廣、殺瘤活性高等優點。對於失去手術機會或已復發轉移的晚期腫瘤患者，能迅速緩解臨床症狀，提高生存品質，延長生存期。大部分患者，尤其是放化療後的患者，可出現消化道症狀減輕或消失，皮膚有光澤，黑斑淡化，靜脈曲張消失，脫髮停止，甚至頭髮生長或白髮變黑等年輕化表現，並出現精神狀態或體力明顯恢復等現象。

DC 細胞和 CIK 細胞聯用具有協同抗腫瘤作用。DC 細胞與 CIK 細胞共同孵育後，DC 細胞表面共刺激分子的表達及抗原遞呈能力均明顯提高，而 CIK 細胞的增殖能力和體內外細胞毒活性也得以增強，所以 DC-CIK 細胞較單獨的 CIK 細胞治療更為有效。若將腫瘤抗原負載的 DC 細胞與 CIK 細胞共培養，可刺激產生腫瘤抗原特異性 T 細胞，這樣的 DC-CIK 細胞治療兼具特異性和非特異性雙重腫瘤殺傷作用，比未負載腫瘤抗原的 DC 細胞刺激活化的 CIK 細胞活性更強，常被用於臨床和科研。在 DC-CIK 細胞過繼免疫治療中，最終的效應細胞是經 DC 細胞體外活化的 CIK 細胞。

近年來，DC-CIK 細胞過繼免疫治療的臨床實驗研究表明，對惡性黑色素瘤、前列腺癌、腎癌、膀胱癌、卵巢癌、結腸癌、直腸癌、乳腺癌、子宮頸癌、肺癌、喉癌、鼻咽癌、胰腺癌、肝癌、胃癌、白血病等許多腫瘤患者都有一定療效。

NK 細胞是機體固有免疫系統的一種效應細胞，與抗腫瘤、抗病毒感染和免疫調節有關。骨髓造血幹細胞和胸腺早期淋巴樣細胞均能發育分化為 NK 前體細胞，進而發育分化為 NK 細胞。NK 細胞的殺傷活性不依賴抗體，無需特異性抗原刺激，被稱為自然殺傷活性。NK 細胞胞漿豐富，含有較大的嗜天青顆粒。嗜天青顆粒就是溶體，裡面含有酸性磷酸酶、髓過氧化物酶和多種酸性水解酶，能夠消化被細胞吞噬的細菌和異物，所以嗜天青顆粒的含量與 NK 細胞殺傷活性呈正相關。NK 細胞作用於靶細胞後殺傷作用出現早，在體外 1 小

時、體內 4 小時即可見到殺傷效應。

　　NK 細胞的靶細胞主要有某些腫瘤細胞、病毒感染細胞、某些自身組織細胞（如血細胞）、寄生蟲等。NK 細胞抗腫瘤的機制主要包括：①透過釋放細胞毒性顆粒殺傷腫瘤細胞；②透過細胞表面合成的蛋白啟動靶細胞凋亡以殺傷腫瘤細胞；③透過與腫瘤細胞表面抗體結合發揮細胞毒性作用殺傷靶細胞。NK 細胞還可以分泌多種細胞因子，如 TNF-α、TNF-β、IFN-γ 等，協同其抗腫瘤，對肺癌、乳腺癌、大腸癌、肝癌、白血病等都有療效。NK 細胞是機體抗腫瘤、抗感染的重要免疫因素，也參與 II 型超敏反應和移植物抗宿主反應，具有免疫清除和免疫監視的作用。

　　以嵌合型抗原受體（CAR）為基礎的細胞免疫治療是一種新的惡性腫瘤治療模式，為部分晚期腫瘤患者帶來治癒的希望。CAR-T 細胞是將 T 細胞受體基因和抗 CD19 抗體基因嵌合，轉染至 T 細胞，在體外擴增後回輸給患者來治療 B 淋巴細胞血液惡性腫瘤的新型標靶治療方法。

　　CAR-T 細胞療法經歷了長期的研發。20 世紀 80 年代晚期，以色列化學家兼免疫學家齊利格 - 伊薩哈（Zelig Eshhar）開發了第一種 CAR-T 細胞。1990 年，伊薩哈來到美國國立衛生研究院（NIH），與斯蒂芬 - 羅森伯格（Steven Rosenberg）合作研究靶向人體黑色素瘤的嵌合抗原受體。伊薩哈和羅森伯格以一種模組設計的方式構建了 CAR-T 細胞。CAR-T 細胞治療曾使一位當時年僅 6 歲險些被晚期白血病置於

死地的患兒奇跡般地掙脫了死神的束縛，這讓更多的研發者看到了希望的曙光，使 CAR-T 細胞療法成為近年來腫瘤免疫治療的熱門領域。

目前，CAR-T 細胞在治療急性和慢性淋巴細胞白血病、B 細胞淋巴瘤方面取得了快速進展，美國食品藥品管理局給予了 CAR-T 細胞療法優先評估的待遇。2014 年 11 月，美國食品藥品管理局給予 Juno 公司的「JCARO15」以「罕見病療法」認證。Kite 公司開發的緩解非何杰金淋巴瘤的「KTE-C19」也獲得了美國食品藥品管理局和歐洲藥品局的認證。

不同免疫細胞治療的臨床效果，因人因病會有較大差異，目前免疫細胞治療腫瘤通常是作為放療、化療、手術治療後的輔助治療手段。將來，隨著技術的不斷發展，免疫細胞治療有可能成為腫瘤治療的主要方法之一。

6. 普通細胞　疾病治療

　　除一些幹細胞和免疫細胞外，臨床上還有其他細胞用來治病嗎？答案是肯定的。事實上，一些普通細胞也在臨床上應用。之所以稱這些細胞是普通細胞，是相對於幹細胞和免疫細胞這些臨床應用較廣的細胞而言。這些普通細胞主要有軟骨細胞、表皮細胞、成纖維細胞、胰島細胞、肝細胞、角膜上皮細胞等，都是已經完成了分化，在具體的組織器官中發揮特定的結構作用，並行使一定功能。它們的結構功能作用通常比較局限，既不像幹細胞那樣可以轉化為一種或多種其他種類的細胞而具有另外的結構功能作用，也不像免疫細胞那樣對機體抵抗疾病具有重要的防禦功能。

　　這類細胞的移植在臨床上仍具有重要的治療價值。ChondroCelect 來自自體軟骨細胞，用於修復成人膝關節股骨髁的單個有症狀的軟骨損傷，是一種先進的含活細胞的醫療產品，目前該產品已在比利時、荷蘭、盧森堡、德國、英國、芬蘭和西班牙等國上市銷售。

　　美國健贊公司（Genzyme Corporation）開發的兩個自體軟骨細胞修復技術的產品 MACI 移植物和 Carticel，可以替代損傷的膝關節軟骨。Carticel 是美國食品藥品管理局第一個批准的細胞治療產品。Carticel 作為健贊公司第一代 ACI 技術，和 MACI 移植物主要被整形外科醫師用於治療臨床上具有顯著症狀的關節軟骨損傷的患者，

二者都是對患者自身的軟骨細胞進行培養和移植來修復軟骨損傷。Carticel 自體軟骨細胞移植，主要針對股骨髁損傷以及對曾經接受的關節鏡或其他手術修復程式（譬如清除術、微骨折、鑽孔和磨削關節成形術等）反應不佳的患者，修復急性或反覆外傷造成的、具有症狀的股骨軟骨缺損（內側，外側或滑車）。MACI 移植物目前在歐洲、亞洲和大洋洲上市，而 Carticel 則在美國市場應用。

2007 年 10 月，美國食品藥品管理局批准健贊公司的 Epicel 上市，用於治療危及生命的嚴重燒傷。Epicel 含有患者自身表皮細胞成分，能夠為燒傷患者提供永久的皮膚替代物，這是在美國上市的第一個含有活細胞的異源移植系統，之後又開發了其他含活細胞的皮膚產品。

Dermagraft-TM 是由 Advanced Tissue Sciences 公司生產的一種人工真皮。它是將從新生兒包皮中獲取的成纖維細胞接種於聚乳酸網架上，14 ～ 17 天後，由於成纖維細胞在網架上大量增殖並分泌多種基質蛋白，如膠原、纖維連接蛋白、生長因子等，形成由成纖維細胞、細胞外基質和可降解生物材料構成的人工真皮 Dermagraft-TM。其結構更類似天然真皮，能夠減少創面收縮，促進表皮黏附和基底膜分化。Dermagraft-TM 既可用於燒傷創面，又可用於皮膚慢性潰瘍創面的治療。在美國 35 個醫療中心 314 例糖尿病慢性足部潰瘍的隨機對照臨床研究中，驗證了 Dermagraft 治療的安全性和有效性。

　　Dermagraft-TC 是 Advanced Tissue Sciences 公司生產的另一種人工真皮，是將新生兒包皮的成纖維細胞接種到一種由一層矽膠薄膜和與之相貼的尼龍網組成的膜上。Dermagraft-TC 常作為一種臨時性敷料應用於燒傷創面。多中心研究顯示，66 例燒傷患者平均燒傷面積為 44%，移植 Dermagraft-TC 與異體皮比較，14 天時接受率分別是 94.7% 與 93.1%，從黏附、積膿情況看，兩者沒有差別，而 Dermagraft-TC 易於去除，不易造成創面出血。

　　1998 年美國 Organogenesis 公司生產的 Apligraf 是目前最成熟的、既含有表皮層又含有真皮層的人造皮膚。Apligraf 系採用新生兒包皮的成纖維細胞接種於牛膠原凝膠中形成細胞膠原凝膠，然後接種角質形成細胞進行培養製成，已獲美國食品藥品管理局批准用於治療糖尿病性潰瘍和靜脈性潰瘍等小面積創面的修復。對美國 24 個中心 208 例患者的非感染性神經性糖尿病足部潰瘍的治療結果表明，採用 Apligraf 治療的試驗組 112 例中有 63 例創面完全癒合，而採用濕紗布治療的對照組 96 例僅有 36 例創面癒合；平均癒合時間前者 65 天，後者 90 天。臨床研究也表明，應用 Apligraf 治療靜脈性潰瘍比傳統方法更為經濟有效。Apligraf 還可用於治療大皰性表皮鬆解症、壞疽性膿皮病、潰瘍性結節病等。

　　通常，代謝性疾病被歸因於某種細胞功能障礙或缺陷，細胞移植被合乎邏輯地應用於這些疾病的治療，如胰島細胞移植。胰島是由數十至數千個細胞組成的細胞團，一般為圓形或長橢圓形，體積

大小不一，個別胰島形態不規則，有呈半月形、彎曲的圓子柱狀等。按染色和形態學特點，人胰島細胞主要分為 A（α）細胞、B（β）細胞、D 細胞和 PP 細胞。A 細胞約占胰胰島細胞的 20%，分泌升糖素，升高血醣；B 細胞占胰島細胞的 60% ～ 70%，分泌胰島素，降低血醣；D 細胞占胰島細胞的 10%，分泌生長激素抑制激素；PP 細胞數量很少，分泌胰多肽。其中胰島 B 細胞是治療糖尿病的功能細胞，主要分佈於胰島中心部位，排列較規則，一般呈圓形，大小均勻，胞質較多，胞漿中充滿粗大的胰島素染色顆粒，胞核不著色，但可清楚地觀察到其輪廓，多呈圓形或橢圓形。因此，可將胰島 B 細胞從胰島組織中用膠原酶等消化並分離出來治療糖尿病。

肝臟是由肝細胞組成。人的肝臟約有 25 億個肝細胞，由此推算人的肝臟的肝小葉總數約有 50 萬個。肝細胞為多角形，直徑為 20 ～ 30μm，有 6 ～ 8 個面，不同生理條件下的大小有差異，如饑餓時肝細胞體積變大。肝細胞具有很多功能，對遺傳性代謝缺陷患者移植正常肝細胞似乎合乎邏輯。

用於移植的肝細胞包括以下幾類。①異種肝細胞。目前最常用的是豬肝，它能提供與人肝結構相似、功能相近的肝細胞。Nishitai 等在免疫缺陷鼠的脾臟內移植豬肝細胞，發現新鮮分離的豬肝細胞較之培養後、4℃保存或凍存後的豬肝細胞在移植後具有更好的活力和分泌功能。提示新鮮分離的豬肝細胞是首選的異種肝細胞源。②成熟的人肝細胞。這是最理想的細胞來源。③胎肝細胞。胎肝細

胞是由流產胎兒肝臟分離所得的肝細胞及其前體，具有分化增殖能力強、免疫原性弱及更能抵抗低溫貯存損傷等優點。④永生化肝細胞株。國內有學者以重組質粒 SV40LT/pcDNA3.1 經脂質體轉染正常人肝細胞，成功構建永生化人源性肝細胞系 HepLL，研究表明 HepLL 具有正常人肝細胞的形態特徵和生物學功能。

1976 年，Matas 等報導從門靜脈注入肝細胞使 Crigler-Najjar 模型大鼠血漿膽紅素水準下降。人體肝細胞移植於 1992 年第一次臨床試驗成功。1993 年，Mito 等第一次報導了肝細胞移植在治療慢性重型肝炎中的應用。1998 年，Fox 等報導了應用該方法治療小兒 Crigler-Najjar 綜合症 I 型疾病。這是一種罕見的遺傳病，新生兒出生 2 週內通常會出現肌肉痙攣、驚厥、角弓反張等膽紅素腦病表現。經治療，18 個月後，小兒膽紅素水準降低了 60%。1998 年，美國食品藥品管理局 6880 條款通過了人類肝細胞體內移植可作為終末期肝病的一項有效的治療技術，並於當年通過了美國食品藥品管理局認證。

其他一些普通細胞也被用於臨床治療。譬如，2015 年 2 月歐盟藥品管理局批准義大利 Chiesi Farmaceutici 公司研發的 Holoclar 上市，用於治療成年患者的中度至重度角膜緣幹細胞缺陷。Holoclar 的主要成分就是角膜上皮細胞。隨著人類對細胞生長發育環境及調控機制的深入認識和熟練操控，未來會有越來越多的普通細胞應用於臨床，並且每種細胞的應用範圍會擴大。

現代臨床實驗研究表明，某些種類的細胞混合移植能夠提高治療效果。普通細胞和幹細胞一起移植將是未來細胞移植治療的重要發展方向，因為成熟的普通細胞可以作為「誘導劑」，誘導幹細胞定向發育分化，使幹細胞能夠更快更好地形成有特定功能的組織器官，增強幹細胞的治療效果，達到有效治療疾病的目的。

　　21 世紀是細胞移植治療的時代。在今後幾十年內，一大批幹細胞產品將被批准應用於臨床，同時免疫細胞、普通細胞和混合種類的細胞移植治療也會得到快速發展。細胞移植治療將改變我們的生活，使我們的生活變得更加美好。

1. 細胞移植大事記

1667 年，法國醫生 Jean-Baptiste Denis 將小牛血注射給一個精神病患者是首次有記載的細胞治療。

1796 年，英國醫生 Jenner Edward 給人接種牛痘病毒疫苗預防天花病毒感染，這是全世界最早的生物治療案例。

1867 年，德國病理學家 Cohnheim 在實驗中給動物靜脈注射一種不溶性染料苯胺，結果在動物損傷遠端的部位發現含有染料的細胞，包括炎症細胞和與纖維合成有關的成纖維細胞，由此他推斷骨髓中存在非造血功能的幹細胞。

1912 年，德國醫生 Kuettner 提出應將器官剪成小組織塊，溶在生理鹽水中，再注到患者體內，而非將整體用於移植，因而成為細胞治療的先驅者。

1930 年，瑞士的 Paul Niehans 將從羊胚胎器官中分離出的細胞注入到人體進行皮膚年輕化治療，次年又將牛甲狀腺剪成的小組織塊溶在生理鹽水中治療甲狀腺功能低下，被稱為「細胞治療之父」。

1956 年，美國華盛頓大學 E. Donnall Thomas 完成了世界上第一例骨髓移植手術，這也是世界上第一例幹細胞移植手術。E. Donnall Thomas 由此成為造血幹細胞移植術的奠基人。

1967 年，美國華盛頓大學 E. Donnall Thomas 在《The New England Journal of Medicine》上發表了一篇重要的關於幹細胞研究的論文。這篇論文詳細闡述了骨髓中幹細胞的造血原理、骨髓移植過程、幹細胞對造血功能障礙患者的作用。這篇論文為白血病、再生障礙性貧血、地中海貧血等遺傳性疾病和免疫系統疾病的治療展示了廣闊的前景。此後，幹細胞研究引起各國生物學家和醫學家的高度重視，幹細胞移植迅速在世界各國展開。

1973 年，美國學者 Steinman 及 Cohn 在小鼠脾組織分離中發現了樹突狀細胞（DC 細胞），其細胞的形態為樹突樣或偽足樣突起。

1981 年，Evan Kaufman 和 Martin 從小鼠胚泡內細胞群分離出胚胎幹細胞，並建立了胚胎幹細胞適宜的體外培養條件，培育成幹細胞系。

1982 年，Grimm 等首先報導外周血單個核細胞中加入 IL-2 體外培養 4 ～ 6 天，能誘導出一種非特異性的殺傷細胞，即 LAK 細胞。

1983 年，臺灣大學附設醫院骨髓移植團隊完成國內首例自體骨髓移植先例。

1984 年，Rosenberg 研究組經美國食品藥品監督管理局批准，首次應用 IL-2 與 LAK 協同治療 25 例腎細胞癌、黑素瘤、肺癌、結腸癌等腫瘤患者，具有顯著療效。

1985 年，Rosenberg 率先報告白血球介素 -2（IL-2）和淋巴因子活化的殺傷細胞（LAK 細胞）治療晚期腫瘤有效。

1987 年，Peterson 採 用 自 體 軟 骨 細 胞 移 植（autologous chondrocyte implantation，ACI） 技術治療關節軟骨缺損患者。這是細胞工程技術首次用於骨關節病的治療，現已成為一種較為成熟的關節軟骨缺損治療技術。

1988 年，首批組織修復細胞進入市場，它們是用於治療嚴重燒傷的傷口癒合產品。

1989 年，美國的一位科學家在腦組織中發現了神經幹細胞。

1990 年，E. Donnall Thomas 因幹細胞移植方面的開拓性工作獲本年度諾貝爾生理學或醫學獎。

1990 年，Scharp 等報導首例人同種異體胰島細胞移植治療 I 型糖尿病獲得成功。

1992 年，人體肝細胞移植第一次臨床試驗成功。

1993 年 5 月，臺灣立法院通過「人體器官移植條例」修正案，廢除了骨髓捐贈只能限於三等親內的限制。

1993 年 10 月，臺灣骨髓幹細胞中心成立。

1994 年，Schmidt-wolf 從外周血單個核細胞中誘導產生 CIK 細胞，兼具 T 淋巴細胞強大的殺瘤活性和 NK 細胞的非 MHC 限制性，故又被稱為 NK 細胞樣 T 淋巴細胞，將具有高效殺傷活性的 CIK 細胞和具有強大腫瘤抗原遞呈能力的 DC 共同培養來治療惡性腫瘤已被證明具有良好的效果。

1997 年，Asahara 及其同事最早發現內皮母細胞，他們從外周血的單核細胞中分離出了一群能夠在體外合適的條件下分化成為內皮細胞的細胞群，其表面特異性表達造血幹細胞標誌 CD133、CD34 以及內皮細胞標誌 VEGFR-2。

1998 年，美國的兩位科學家 Thomson 和 Gearhart 分別建立了來源於人的胚胎多能幹細胞系。

1999 年，《美國科學院院刊》（PNAS：Proceedings of the National Academy of Sciences of the United States of American）報導，小鼠肌肉組織的成體幹細胞可以「橫向分化」為血液細胞。隨後，世界各國的科學家相繼證實，成體幹細胞（包括人類的成體幹細胞）具有可塑性。

1999 年，幹細胞研究被美國《Science》雜誌推選為 21 世紀最重要的 10 大科研領域之一，且排名第一，先於工程浩大的「人類基因組定序」。

2000 年，日本啟動「千年世紀工程」，把以幹細胞工程為核心技術的再生醫療作為四大重點之一，並且在第一年度的投資金額即達108 億日元。

2001 年，英國議會上院以 212 票贊成、92 票反對，通過一項法案，允許科學家選殖人類早期胚胎，並利用它進行醫療研究。利用人體細胞選殖人類早期胚胎後，可以從中提取未經完全發育的胚胎幹細胞。

2001 年，法國部分學者聯名向法國科研部長提交一份調查報告，呼籲政府大力加強對幹細胞研究的扶持力度。

2001 年，美國科學家在《Tissue Engineering》雜誌上報導，從人臀部和大腿處抽取的脂肪中，含有大量類似幹細胞的細胞，這些細胞可以發育成健康的軟骨和肌肉等。

2001 年，英國一家公司宣佈展開新生兒臍帶血幹細胞儲存服務。父母花 600 英鎊，就可採集嬰兒臍帶血，從中分離出幹細胞，在液氮中保存至少 20 年。

2001 年，中國完成了人體神經幹細胞和角膜幹細胞的移植。

2008 年，中國首家幹細胞醫院在天津建成，它與天津市臍帶血造血幹細胞庫、天津市間質幹細胞庫結合，形成集幹細胞產品研發、儲存、應用為一體的、比較完整的幹細胞工程體系。

2009 年，美國食品藥品管理局首次批准胚胎幹細胞用於治療截癱患者的臨床實驗。截止到 2009 年 1 月，已有 20 項臨床試驗在美國國立衛生院 clinicaltrials.gov 登記註冊，早期結果令人鼓舞。

2009 年，中國國家衛生部出臺的《醫療技術臨床應用管理辦法》，為嚴格有序地展開細胞生物治療提供了指導和依據，也保證了生物治療的安全和規範。

2010 年，人類胚胎幹細胞首次注入人體內進行幹細胞治療。

2010 年，澳洲治療商品管理局批准 Mesoblast 公司的自體間質前體細胞治療骨損傷。

2011 年，韓國食品藥品監督管理局（KFDA）批准 FCB-Pharmicell 公司的自體骨髓間質幹細胞（Hearticellgram-AMI）用於治療急性心肌梗塞。

2011 年，美國食品藥品管理局批准紐約血液中心的臍帶血造血母細胞異基因造血幹細胞移植（Hemacord）治療遺傳性或獲得性造血系統疾病。

2012 年，美國食品藥品管理局批准通過基因工程改造的植物細胞生產的 Elelyso 用於治療 I 型代謝病。

2012 年，歐盟委員會批准了西方世界首個基因治療藥物 Glybera，

這標誌著修復基因缺陷的新穎醫療技術的一個里程碑。該藥用於治療一種極其罕見的遺傳性疾病—脂蛋白脂肪酶缺乏症（LPLD），將成為基因治療領域的重大推動力。

2012 年，韓國食品藥品監督管理局批准 Medi-post 公司的臍帶血來源間質幹細胞（Cartistem）治療退化性關節炎和膝關節軟骨損傷。

2012 年，韓國食品藥品監督管理局批准 Anterogen 公司的自體脂肪來源間質幹細胞（Cuepistem）治療複雜性克羅恩病併發肛瘺。

2012 年，加拿大食品藥品監督管理局批准美國奧西裡斯治療公司的骨髓間質幹細胞（Prochymal）治療兒童急性移植抗宿主疾病。

2013 年，美國《Science》雜誌將腫瘤免疫治療列為年度十大科學突破的首位，確定了生物免疫治療在未來腫瘤綜合治療中的重要地位及發展前景。

2013 年，中國完成首個倉鼠卵巢細胞系基因組圖。

2014 年 2 月，日本成立使用誘導多能幹細胞（iPS 細胞）的、名為「SIREGE」（意思為視覺再生，sight regeneration）的藥品生產企業，致力於使用 iPS 細胞治療年齡相關性黃斑變性眼病的藥品。

2023 年 2 月，臺灣行政院會通過《再生醫療法》與《再生醫療製劑條例》，成為亞洲第三個有專法的國家。

2. 動物複製大事記

1938 年，Hans Spemann 首次提出採用細胞核移植技術選殖動物的設想，並稱之為奇異的實驗，之後一舉成名的複製綿羊桃莉沿用的就是這一思路。

1952 年，美國科學家 Robert Briggs 和 Thomas J.King 用一隻蝌蚪的細胞創造了與原版完全一樣的複製品。小小的蝌蚪改寫了生物技術發展史，並成為世界上第一種被選殖的動物。

1979 年，中國科學院武漢水生生物研究所的科學家選殖鯽魚成功，為胚胎細胞選殖。

1989 年，美國獲得胚胎選殖豬。

1991 年，中國獲得胚胎選殖山羊。

1996 年 7 月，世界上第一隻成年體細胞複製羊「桃莉」，在英國北部城市愛丁堡的羅斯林研究所出世。這首次證明動物體細胞和植物細胞一樣具有遺傳全能性，打破了傳統的科學概念，轟動了世界。

1997 年 7 月，愛丁堡的羅斯林研究所又成功培育出攜帶有人類 α-抗胰蛋白酶基因的選殖綿羊「波莉」，羊奶中的人 α-抗胰蛋白酶是治療慢性肺氣腫、先天性肺纖維化囊腫等疾病的特效藥物。

1998 年，美國夏威夷大學的科學家用成年鼠細胞選殖出 50 多隻老

鼠，並接著培育出 3 代遺傳特徵完全一致的實驗鼠。與此同時，其他幾個私立研究機構也用不同的方法成功選殖出小牛。其中最引人注目的是，日本科學家用一個成年母牛的細胞培育出 8 隻遺傳特徵完全一樣的小牛，成功率高達 80%，從此開始選殖批量化。

1999 年 10 月 15 日，中國科學院發育生物學研究所與揚州大學合作，在江蘇揚州成功選殖了一隻轉基因山羊。這是國內首例體細胞轉基因複製羊，可以用於珍稀藥物人乳鐵蛋白（hLF）生產。「轉基因山羊體細胞複製山羊」成果被評為 1999 年中國基礎研究十大新聞之首。

1999 年 12 月 24 日，山東農業科學院生物技術研究中心和河北農業大學聯合攻關，成功選殖出了兩隻小白兔，被專家命名為「魯星」和「魯月」，長勢良好。

2000 年 4 月 13 日，美國俄勒岡的研究者用與複製桃莉羊截然不同的胚胎分裂方法複製出猴子。科學家將一個僅包含 8 個細胞的早期胚胎分裂為 4 份，再將它們分別培育出新胚胎，唯一成活的只有短尾猴「泰特拉（Tetra）」。與桃莉不同的是，Tetra 既有母親也有父親，但它只是人工四胞胎中的一個。

2000 年 1 月 23 日，世界第一頭再複製牛在日本誕生，複製它所用的體細胞採自於複製牛。

2000年3月14日，英國PPL生物技術公司宣佈，他們利用與創造桃莉相似的技術，首次成功選殖了5頭可以為人體進行器官移植的小豬，依次取名為「米莉埃」（Millie，意思是新千年）、「克利斯塔」（Christiaan，紀念1967年進行首例人類心臟移植手術的外科醫生克利斯塔‧伯納德Christiaan Barnard）、亞曆克西斯和卡雷爾（根據諾貝爾獎得主、器官移植先驅亞曆克西斯·卡雷爾Alexis Carrel的名字而取的）、「道特考姆」（.com，是當時紅遍全球的網際網路功能變數名稱）。

2000年6月16日，在西北農林科技大學誕生了一頭成年體細胞選殖山羊，取名為「元元」。同年6月22日，該大學又成功選殖了另一山羊「陽陽」。

2000年6月28日，英國科學家宣佈掌握了一種新技術，能夠對大型哺乳動物進行精確的基因改造，然而大量生產這種動物仍需選殖。

2000年12月，羅斯林研究所又和美國一家生物技術公司聯手，歷時兩年多，培育出了選殖雞，其中的一隻取名為「布利特尼」，它下的蛋可以提取新型抗癌藥物。

2001年，美、意科學家聯手展開選殖人的工作。2001年11月美科學家宣佈首次選殖成功了處於早期階段的人類胚胎，稱其目標是為患者定制出不會誘發排異反應的人體細胞用於移植。

2001 年 1 月 8 日，在美國選殖成功了一頭名叫「諾亞」的印度野牛，小牛誕生後僅 12 小時，就能在不需幫助的情況下走路。

2001 年 8 月 8 日，中國西北農林科技大學培育的體細胞選殖山羊「陽陽」和胚胎細胞選殖山羊「帥帥」自然交配，產下了一對龍鳳胎。

2001 年 9 月，臺灣首隻以卵丘細胞製作誕生之體細胞複製牛「畜寶」誕生。

2002 年 3 月上旬，中國首批自主完成的成年體細胞選殖牛在山東曹縣成功問世。同月 20 日，中國政府頒佈的《農業轉基因生物標識管理辦法》開始實行。

2004 年 2 月，西北農林科技大學張湧教授培育的第四代體細胞複製山羊「笑笑」誕生。

2004 年 8 月 11 日，英國頒發全球首張複製人類胚胎執照，執照有效期為 1 年，胚胎 14 天後必須毀壞，培育複製嬰兒仍屬非法行為。其目的是：增加人類對自身胚胎發育的理解；增加人類對高危疾病的認識；推動人類對高危疾病治療方法的研究。

2005 年，韓國科學家利用幹細胞移植技術培育出世界上第一隻複製狗，並將這隻複製狗命名為「史努比」。

2005 年 2 月 18 日，第 59 屆聯合國大會法律委員會以 71 票贊成、

35 票反對、43 票棄權的表決結果，以決議的形式通過一項政治宣言，要求各國禁止有違人類尊嚴的任何形式的複製人實驗。

2007 年 5 月 25 日，世界第一隻人獸混種羊在美國內華達大學伊斯梅爾·贊加尼（Esmail Zanjani）教授領導的研究小組誕生。這隻含有 15% 人類細胞的混種羊，花費了該研究小組七年的時間。該項研究的目的是透過向動物體內植入人類的幹細胞，培育出各種適於移植的器官，從而解決醫學界器官移植短缺的問題。

2008 年 1 月 15 日，美國食品藥品監督管理局宣佈，批准選殖動物的乳製品和肉製品上市銷售，並宣稱這類來源的食品是安全的。

2012 年，臺灣研發新式的胚複製技術「手工卵子分切複製技術」(Oocyte bisection cloning technology, OBCT)，成功複製 2 胎花斑迷你豬，且成功繁衍後代。

2015 年 9 月 1 日，俄羅斯媒報導，俄羅斯猛獁象博物館館長謝苗•格利高裡耶夫表示，俄羅斯第一家選殖滅絕動物的實驗室在亞庫次克開始工作，該實驗室目前的目標是找到選殖所需活細胞，以使猛獁象能夠「再生」。

後記

　　本書在編寫過程中，獲得了一些院士、專家的大力支持，他們是 2010 年諾貝爾經濟學獎獲得者、英國社會科學院院士克里斯多夫·皮薩里德斯先生，中國科學院院士、香港大學神經科學研究中心主任、博士生導師蘇國輝教授，中國科學院院士、中國醫學科學院腫瘤研究所研究員、博士生導師陸士新教授，中組部「千人計畫」學者、大連醫科大學附屬第一醫院副院長、博士生導師樂衛東教授，中組部「千人計畫」學者、清華大學前沿高分子中心主任、博士生導師危岩教授。

　　張湧教授、鄭培鐸主任等慷慨提供了一些圖片資料，另有部分圖片資料引用自國內外文獻，以舉例說明相關技術領域的最新發展情況。在本書付梓之際，對於各位院士、專家、朋友們的真誠推薦、鼎力支持，表示由衷地感謝。希望各位專家、讀者朋友們不吝指正。

細胞與幹細胞：
解碼你身體裡的神奇生命科學

作　　者　王佃亮、陳海佳

發 行 人　林敬彬
主　　編　楊安瑜
編　　輯　林子揚、林佳伶
內頁編排　方皓承
封面設計　陳語萱
行銷企劃　戴詠蕙、趙佑瑀
編輯協力　陳于雯、高家宏
出　　版　大旗出版社
發　　行　大都會文化事業有限公司
　　　　　11051 台北市信義區基隆路一段 432 號 4 樓之 9
　　　　　讀者服務專線：（02）27235216
　　　　　讀者服務傳真：（02）27235220
　　　　　電子郵件信箱：metro@ms21.hinet.net
　　　　　網　　　址：www.metrobook.com.tw

郵政劃撥　14050529　大都會文化事業有限公司
出版日期　2023 年 04 月初版一刷
定　　價　380 元
I S B N　978-626-96383-9-0
書　　號　B230401

Banner Publishing, a division of Metropolitan Culture Enterprise Co., Ltd.
4F-9, Double Hero Bldg., 432, Keelung Rd., Sec. 1, Taipei 11051, Taiwan
Tel:+886-2-2723-5216　Fax:+886-2-2723-5220
Web-site:www.metrobook.com.tw　E-mail:metro@ms21.hinet.net
◎本書由化學工業出版社授權繁體字版之出版發行

國家圖書館出版品預行編目（CIP）資料

細胞與幹細胞：解碼你身體裡的神奇生命科學 / 王佃亮、
陳海佳著 .-- 初版 .-- 臺北市：大旗出版：大都會文化發行，
2023.04；240 面；14.8×21 公分
ISBN 978-626-96383-9-0（平裝）

1. 生物科學　2. 細胞
364　　　　　　　　　　　　　　　　　　111021675